职业院校通用教材

SolidWorks
项目式应用教程

张晓红 主编

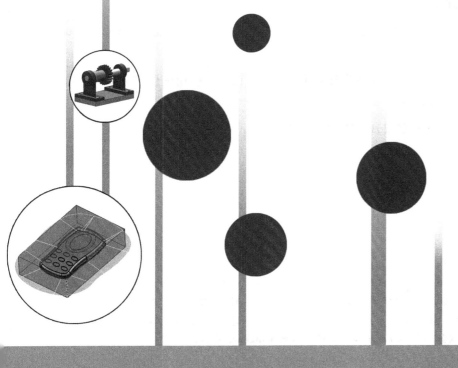

清华大学出版社
北京

内容简介

本书采用项目教学、全面图形范例的方式，以机械、塑料、五金等零件为建模实例，根据不同零件实体的建模特点，介绍了 SolidWorks 三维造型软件在实体造型、曲面造型中的拉伸、旋转、扫描、放样等建模方法和技巧，以及工程图的建立方法和技巧、模具零件的生成方法和技巧等。

本书可作为职业院校数控技术应用、机电一体化、模具设计与制造、工业造型设计等专业计算机辅助设计课程的教材。

本书封面贴有清华大学出版社防伪标签，无标签者不得销售。
版权所有，侵权必究。举报：010-62782989，beiqinquan@tup.tsinghua.edu.cn。

图书在版编目（CIP）数据

SolidWorks 项目式应用教程/张晓红主编. —北京：清华大学出版社，2010.4（2024.8重印）
ISBN 978-7-302-21874-6

Ⅰ. ①S… Ⅱ. ①张… Ⅲ. ①机械设计：计算机辅助设计—应用软件，SolidWorks—专业学校—教材 Ⅳ. ①TH122

中国版本图书馆 CIP 数据核字（2010）第 012387 号

责任编辑：金燕铭
责任校对：袁　芳
责任印制：刘海龙

出版发行：清华大学出版社
　　　　网　　址：https://www.tup.com.cn, https://www.wqxuetang.com
　　　　地　　址：北京清华大学学研大厦 A 座　　邮　编：100084
　　　　社 总 机：010-83470000　　邮　购：010-62786544
　　　　投稿与读者服务：010-62776969, c-service@tup.tsinghua.edu.cn
　　　　质量反馈：010-62772015, zhiliang@tup.tsinghua.edu.cn
印 装 者：三河市龙大印装有限公司
经　　销：全国新华书店
开　　本：185mm×260mm　　印　张：15.75　　字　数：360 千字
版　　次：2010 年 4 月第 1 版　　印　次：2024 年 8 月第 14 次印刷
定　　价：49.00 元

产品编号：032872-02

FOREWORD 前言

本书以项目教学的方式,逐步引导学生学习并掌握 SolidWorks 软件中各建模命令的意义、特点、应用方法和使用技巧。通过每个项目的学习,使学生熟悉并掌握各种零件的设计方法与技巧、零件的装配方法与技巧、零件工程图的生成方法与技巧、模具成形零件的设计方法与技巧等,使学生具有中等程度的机械、塑料、五金等零件的三维造型设计能力与注塑模具成形零件的设计能力。

全书共分七个项目,主要包括以下内容。

项目一:SolidWorks 软件应用基础。介绍了 SolidWorks 软件的基本操作、界面环境,基准面、基准轴、基准曲线、基准点、基准坐标系的用途和建立方法,以及草图的绘制技巧。

项目二:实体特征的建立。以图形范例的方式,逐步引导学生熟悉并掌握各种零件实体特征的建立方法。

项目三:曲面特征的建立。以图形范例的方式,逐步引导学生熟悉并掌握零件曲面、曲面特征的建立方法。

项目四:钣金零件设计。以图形范例的方式,逐步引导学生熟悉并掌握钣金零件的设计方法与技巧。

项目五:装配体设计。以图形范例的方式,逐步引导学生熟悉并理解 3D 装配体的建立方法与技巧。

项目六:工程图设计。以图形范例的方式,逐步引导学生熟悉并理解由 3D 零件图生成该零件的 2D 工程图样的方法。

项目七:模具零件设计。以图形范例的方式,逐步引导学生熟悉并理解由 3D 零件图生成该零件的模具零件图的方法与技巧。

对于 SolidWorks 软件中的一些零件设计与编辑、数据接口等内容,以"知识扩展"的方式穿插在各个项目中,从而引导学生了解 SolidWorks 与 Pro/Engineer、UG、MasterCAM、AutoCAD 等辅助设计软件间的相互转换方法,以及各种零件设计方案中参数修改的方法及作用。

本书由中山职业技术学院张晓红主编,参加本书编写的还有中山高级技工学院高级讲师景红、东莞理工学校高级讲师杨晖、中山火炬职业技术学院副教授赵江平。

在编写本书时,参考了 SolidWorks 2009 软件中的一些图例,同时融入了编者长期应用 CAD/CAM 软件进行产品设计及教学的经验。本书插图中的词汇、文字、线型等均为该软件所使用的词汇、文字、线型,有一些与机械制图、计算机绘图的国家标准不一致,敬请读者注意。

编 者
2010 年 1 月

目录

CONTENTS

项目一　SolidWorks 软件应用基础 ·················· 1
  任务一　SolidWorks 文件的基本操作 ·················· 1
  任务二　建立参考几何体 ·················· 11
  任务三　草图绘制 ·················· 16
  练习题一 ·················· 30

项目二　实体特征的建立 ·················· 31
  任务一　支架零件设计 ·················· 31
  任务二　弯头零件设计 ·················· 40
  任务三　行星齿轮零件设计 ·················· 48
  任务四　门铃面盖零件设计 ·················· 59
  任务五　足球的设计 ·················· 77
  练习题二 ·················· 86

项目三　曲面特征的建立 ·················· 87
  任务一　曲别针设计 ·················· 87
  任务二　雨伞设计 ·················· 96
  任务三　轮毂设计 ·················· 107
  练习题三 ·················· 120

项目四　钣金零件设计 ·················· 121
  任务一　卡扣零件设计 ·················· 122
  任务二　电器外壳零件设计 ·················· 127
  任务三　工具箱零件设计 ·················· 137
  练习题四 ·················· 150

项目五　装配体设计 ·················· 151
  任务一　千斤顶的装配（自下而上） ·················· 151
  任务二　输入轴的设计与装配（自上而下） ·················· 165
  练习题五 ·················· 185

项目六　工程图设计 …… 186
　任务一　零件工程图 …… 188
　任务二　装配体工程图 …… 199
　练习题六 …… 211

项目七　模具零件设计 …… 212
　任务一　烟灰缸型腔模成形零件设计 …… 213
　任务二　遥控器面板型腔模成形零件设计 …… 222
　任务三　勺子型腔模成形零件设计 …… 233
　练习题七 …… 241

附录　相关零件图 …… 242

项目一

SolidWorks 软件应用基础

SolidWorks 软件是一套智能化的机械设计软件,它采用了大家所熟悉的 Microsoft Windows 图形用户界面。SolidWorks 软件是目前国内外最流行的 3D 工程设计软件之一,它以其实用性强、易于掌握的特点,在世界各地拥有 250 万以上用户,广泛地应用在产品开发、产品设计等方面。

SolidWorks 软件主要包括以下功能:利用草绘图生成 3D 零件图,由 3D 零件图生成 3D 装配体图、2D 工程图;同时,还可以利用生成的 3D 零件图进行模具零件的设计。在设计过程中,利用 SolidWorks 软件的参数化设计功能,对其中一图进行修改,与此相关联的其他图样也随之发生相应变化。SolidWorks 软件设计的图样能与其他设计软件接口,如 Pro/E、UG、MasterCAM 及 AutoCAD 等。

知识与技能目标

熟悉 SolidWorks 2009 操作界面中各功能区域的名称及作用;了解新建、保存及打开零件文件的基本过程;掌握 SolidWorks 文件的基本操作、基准的建立和草图的绘制。

任务一　SolidWorks 文件的基本操作

一、知识与技能准备

在安装好 SolidWorks 软件之后,可以在 Windows 桌面建立其快捷图标。用鼠标双击 Windows 桌面上的 SolidWorks 快捷图标,软件启动,系统进入 SolidWorks 软件的用户初始界面。SolidWorks 2009 软件的用户初始界面如图 1-1 所示,该界面中主要包括菜单栏、PropertyManager、FeatureManager 设计树、工具栏、图形区域、状态栏、任务窗格等部分。

1. 菜单栏

菜单栏位于 SolidWorks 用户初始界面的上部,菜单栏中的菜单和菜单项几乎包括所有 SolidWorks 命令,可根据活动的文档类型和工作流程自定义使用。

2. PropertyManager

PropertyManager 对应于 SolidWorks 图形区域左侧窗格中的图标 。当定义实体或选择建模命令时,PropertyManager 打开。

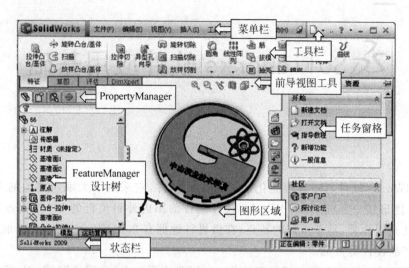

图 1-1　SolidWorks 2009 用户初始界面

3. FeatureManager 设计树

FeatureManager 设计树对应于 SolidWorks 图形区域左侧窗格中的图标。在 FeatureManager 设计树中可视地显示出零件或装配体中的所有特征,提供激活零件、装配体或工程图的大纲视图。因此,FeatureManager 设计树代表建模操作的时间序列,通过 FeatureManager 设计树可以编辑特征。FeatureManager 设计树和图形区域为动态链接,可在任一窗口中选择特征、草图、工程视图和构造几何线。

当移动鼠标使指针经过 FeatureManager 设计树中的各项目时,图形区域中的几何体(边线、面、基准面、基准轴等)会高亮显示。

对 FeatureManager 设计树可以进行以下操作。

① 以名称来选择模型中的项目。如要更改项目的名称,用鼠标在名称上缓慢单击两次以选择该名称,然后输入新的名称,如 基体-拉伸 。

② 确认和更改特征的生成顺序。用鼠标拖动及放置项目来重新调整特征的生成顺序,达到更改重建模型时特征重建的顺序。如果重排特征顺序操作是合法的,指针将会出现,否则出现 指针。

③ 用鼠标双击特征的名称以显示特征的尺寸,可以对显示的特征尺寸进行修改。

④ 用鼠标左键拖动退回控制棒可以暂时将模型退回到早期状态,对模型进行编辑和修改。

⑤ 当建模或修改特征出错时,在与模型相关联的特征前显示错误图标 或警告图标 。移动鼠标到此特征处,可以得到关于错误或警告的提示或说明。

⑥ 用鼠标右击,通过弹出的右键快捷菜单中的相关命令,可以对该零件特征或装配体零部件进行编辑、压缩或解压缩、查看父子关系、删除等操作。

⑦ 用鼠标右击方程式文件夹 并选择所需操作来添加新的方程式、编辑或删除方程式。在建模时,当将第一个方程式添加到零件或装配体时,方程式文件夹才出现。

⑧ 用鼠标右击注解文件夹 来控制尺寸和注解的显示。

⑨ 用鼠标右击材质图标 来添加或修改应用到零件的材质。

⑩ 通过选择左侧窗格顶部的图标 ，可以在 FeatureManager 设计树( )、PropertyManager( )、ConfigurationManager( )、DimXpertManager( ) 及插件之间进行切换。

⑪ 按 F9 键或单击 FeatureManager 设计树区域，可以切换 FeatureManager 设计树的显示状态。

4. 工具栏

CommandManager( )是一个上下文相关工具栏，它可以根据要使用的工具进行动态更新。当单击 CommandManager 下部的相关选项时，它将更新以显示该工具栏。例如，单击"草图"选项，草图工具栏将出现。

菜单栏中的各种常用控制命令都是以图标的方式出现的。CommandManager 中包括 SolidWorks 大部分工具以及插件，如草图工具栏、特征工具栏、评估工具栏等。各种工具栏可以在"视图"→"工具栏"下拉菜单中选定，还可以通过"视图"→"工具栏"→"自定义"菜单命令选定。

切换工具栏显示状态的方法如下。

① 用鼠标右击窗口边框，然后选择或消除选择工具栏名称。

② 选择菜单栏中的"工具"→"自定义"菜单命令，在系统弹出的"自定义"对话框的"工具栏"选项卡中选择要显示的工具栏。

5. 图形区域

图形区域就是工作区域，可在图形区域内建模，如绘制草图、建立实体特征、组装元件及建立工程图等。单击视图图标 （标准视图工具栏）之一，或选择菜单栏中的"窗口"→"视口"→"四视图"菜单命令，并选择菜单栏中的"工具"→"选项"菜单命令，系统弹出"系统选项(S)-普通"对话框，在"系统选项"选项卡中选择"显示/选择"项，在 中指定显示为第一视角或第三视角。

图形区域根据不同的需要，可以分为一个、两个、四个区域。在每一个区域内，可以显示不同视点的投影。四视图图形区域如图 1-2 所示。

6. 状态栏

状态栏显示与使用者正执行的功能有关的信息。

7. 任务窗格

打开 SolidWorks 软件时，将会出现任务窗格，它包含有 SolidWorks 资源图标 、设计库图标 、文件探索器图标 、查看调色板图标 、外观/布景图标 和自定义属性图标 。

8. 前导视图工具

前导视图工具包括操纵视图所需的所有普通工具： 。

此外，可以利用鼠标的中键旋转、放大和缩小视图，还可以使用图形区域左侧底部的参考三重轴更改视图方向。

使用 SolidWorks 软件进行零件设计过程中遇到问题时，可以按照以下方法找到

SolidWorks 项目式应用教程

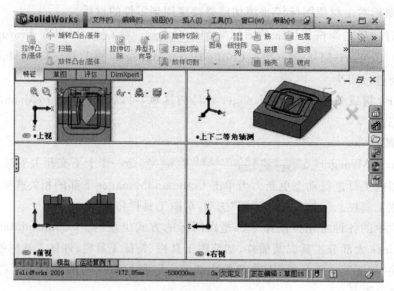

图 1-2　四视图图形区域

答案。

(1) 在任务窗格 SolidWorks 资源图标 ⌂ 上

① 开始。打开新的或现有文档，并链接到指导教程。

② 社区。链接到订阅服务、探讨论坛、用户组及要闻。

③ 在线资源。供应商资源网站、伙伴解决方案、SolidWorks Labs 以及 ScanTo3D 的网站链接。

(2) 在 SolidWorks 用户界面中

① PropertyManager 及对话框。在激活的 PropertyManager 或对话框中，单击帮助按钮 ? ，或按 F1 键可打开上下文相关帮助。

② 工具提示。将鼠标指针停留在有关工具栏上的工具及 PropertyManager 和对话框中项目等上，以查看其相关信息。

③ 状态栏。当前状态和活动的简要说明出现在 SolidWorks 用户界面底部的状态栏中。

(3) 在"帮助"菜单上

① SolidWorks 帮助。该功能也可通过帮助图标 ◎ (标准工具栏)来访问。

② SolidWorks 指导教程。该教程带有示例文件，涵盖 SolidWorks 及诸多插件。也可通过单击任务窗格 SolidWorks 资源图标 ⌂ 进行访问。

③ 快速参考指南。随 SolidWorks 软件套包所发送的指南的 Adobe Acrobat 副本。

④ API 帮助主题。应用程序编程接口(API)帮助。

⑤ 新版本说明。有关最新 Service Pack 的新近信息。

⑥ 新增功能。有关当前 SolidWorks 发行版新功能信息的 Adobe Acrobat 文件。也可通过单击任务窗格 SolidWorks 资源图标 ⌂ 进行访问。

⑦ 交互新增功能。在 SolidWorks 用户界面中新增的或修改的项目旁边交互地显示图标。

⑧ 快速提示。根据 SolidWorks 当前模式给出提示和选项的弹出消息。大多数信息都含有与 SolidWorks 用户界面中相关项的链接。快速提示在在线指导教程激活时不可使用。

⑨ 跨越 AutoCAD。帮助用户从 2D AutoCAD 到 3D SolidWorks 过渡。此帮助比较术语和概念,解释 SolidWorks 的设计方法,提供 SolidWorks 帮助的链接以及其他资源。

⑩ 检查更新。立即检查或定期检查看是否有最新的 Service Pack。

⑪ 激活许可。初始化许可激活过程。

⑫ 转移许可。将许可转回 SolidWorks 以便在不同的或重建的计算机上激活。

⑬ 显示许可。显示当前激活的产品。

⑭ 关于 SolidWorks。显示有关 SolidWorks 产品、版本、版权、许可协议以及活动序列号的信息。单击"连接"可链接到 SolidWorks 网站。

二、任务内容

① 建立一个新的零件文档。
② 自定义零件设计界面中显示所需工具栏。
③ 保存文档,并关闭零件文档。

三、思路分析

建立新文档,首先要选取模板。利用模板可以使用户设置众多不同的文档样式,它包括用户定义的文档格式和属性,如单位、视向或其他制图标准。通常,在设计零件时采用工程制单位、第一角投影类型等国家制图标准。文件模板可以用于保存已设置文档格式和属性的零件、工程图或装配体等模板文件。

四、操作步骤

① 单击菜单栏中的"文件"→"新建"命令,或单击图示工具栏中的新建文档图标,或单击 SolidWorks 资源图标,在打开的"SolidWorks 资源"任务窗格中单击"开始"下的"新建文档",系统将显示如图 1-3 所示的"新建 SolidWorks 文件"对话框。

② 单击对话框中的"零件"选项后,再单击"确定"按钮,系统将开启一个新的零件文档窗口。如图 1-4 所示,在新零件文档窗口的 FeatureManager 设计树中,除显示要设计零件的注解、材质外,还显示系统预设的基准——前视基准面(XY 平面)、上视基准面(XZ 平面)、右视基准面(YZ 平面)及原点。

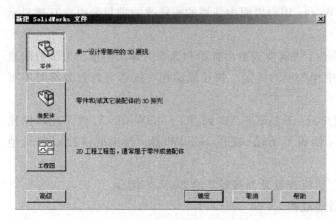

图 1-3 "新建 SolidWorks 文件"对话框　　　图 1-4 FeatureManager 设计树表

③ 单击系统选项图标 ![icon] (标准工具栏),或者选择"工具"→"选项"命令,系统将弹出"系统选项(S)-普通"对话框,如图 1-5 所示。

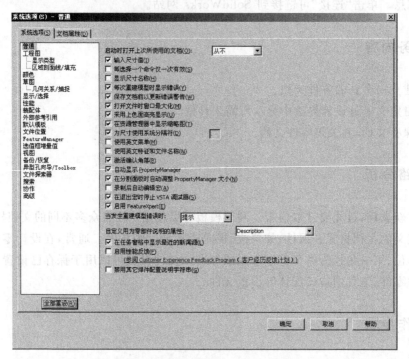

图 1-5 "系统选项(S)-普通"对话框

④ 在"系统选项(S)-普通"对话框中的"系统选项"→"显示/选择"中指定显示为第一视角;在"文档属性"→"绘图标准"处的"总绘图标准"中选取"GB"(![icon]);在"文档属性"→"单位"处选择"毫米"(![icon]);在"文档属性"→"尺寸"处设置尺寸文本、箭头、精度等内容;在"系统选项"→"草图"→"几何关系/捕捉"处设置绘图时的方式(如 草图捕捉)。单击"系统选项(S)-普通"对话框中的"确定"按钮,完成零件文档的模板设

置。除此之外，还可以根据绘图需要，设置"材质"、"显示类型"等其他选项。

⑤ 选择"工具"→"自定义"命令，或在工具栏区域右击后选择"自定义"命令，系统将弹出"自定义"对话框，如图1-6所示。

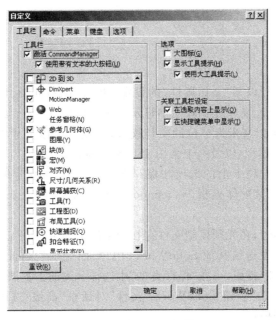

图1-6 "自定义"对话框

⑥ 在"自定义"对话框的"工具栏"选项卡中，勾选希望显示的每个工具栏复选框，同时勾销希望隐藏的工具栏复选框，然后单击"自定义"对话框中的"确定"按钮，把选择的项目应用到当前的零件文档中。

⑦ 选择"文件"→"保存"命令，或单击图示工具栏中的保存文档图标 ，系统将弹出如图1-7所示的"另存为"对话框。

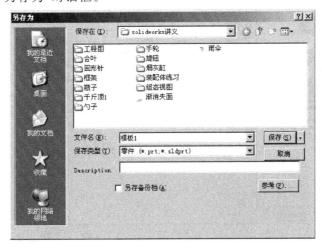

图1-7 "另存为"对话框

⑧ 在"另存为"对话框中输入要保存的文件名"模板1",然后单击对话框中的"确定"按钮,零件文档保存完成。

⑨ 选择"窗口"→"关闭所有"命令,或单击零件文档窗口右上角的关闭图标 ,关闭当前文档窗口。

五、知识扩展

对文档模板可进行以下"文档属性"的设定:单位、网格间距、延伸线和折断线间距、零件序号折弯引线长度、文字比例和文字显示大小、材料密度等。用户可设置众多不同的文档模板,例如:一个以毫米为单位的文档模板,以及一个以英寸为单位的模板;一个采用 ANSI 标准的文件模板,以及一个采用 ISO 标注标准的模板。

只有"文档属性"选项卡上的选项才保存在文档模板中,保存时选择的模板类型有:零件模板(*.prtdot)、装配体模板(*.asmdot)、工程图模板(*.drwdot)、分离的工程图模板(*.slddrw)。

设计分离工程图时,在无须模型文件存在的情况下即可打开工程图并进行操作,用户可以将分离的工程图发送给其他 SolidWorks 用户,而无须发送此工程图的实体模型文件。欲生成分离工程图模板,可在"保存类型"中选择分离的工程图(*.slddrw)。

将文档模板放置在"新建 SolidWorks 文件"对话框"高级"选项卡中的不同图标上,可以组织并访问文档模板。

1. 在"新建 SolidWorks 文件"对话框"高级"选项卡中生成新模板图标

① 在 Windows 资源管理器中创建新文件夹。

② 在 SolidWorks 用户界面中,单击选项图标 ,或选择"工具"→"选项"命令。

③ 在系统弹出的"系统选项(S)-普通"对话框中,选择"系统选项"选项卡中的"文件位置"选项,如图 1-8 所示。

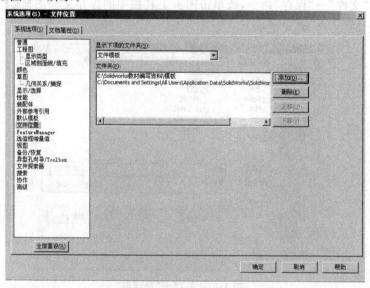

图 1-8 "文件位置"选项

④ 在 显示下项的文件夹(S): 中选择"文件模板",单击 添加(D)... 按钮,添加步骤①中所生成的文件夹路径,然后单击"确定"按钮。

⑤ 利用"系统选项(S)-普通"对话框中"文档属性"选项卡,按前面学习过的方法,对模板进行"文档属性"的设定,然后单击"确定"按钮,以确认更改。

⑥ 生成新的模板后,在"另存为"对话框中选取步骤①中所创建文件夹,选择保存模板类型并保存新模板。此时,有一带有文件夹名称的图标出现在"新建 SolidWorks 文件"对话框中,如图 1-9 所示。

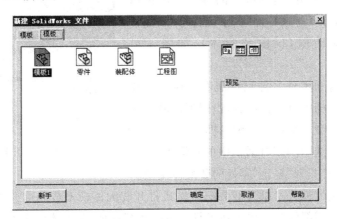

图 1-9　在"新建 SolidWorks 文件"对话框中显示新生成的模板图标

2. 打开现有零件、装配体或工程图文档

① 单击打开图标 (标准工具栏),或选择"文件"→"打开"命令,或按 Ctrl+O 组合键,也可直接从资源管理器打开文档。

② 在"打开"对话框中的"文件类型"中选择一个文件类型,如图 1-10 所示。

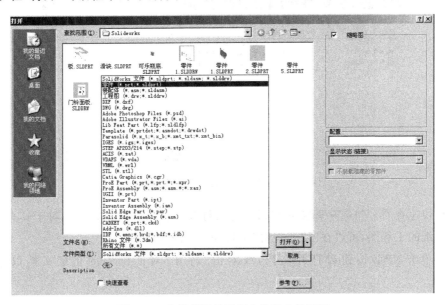

图 1-10　在"打开"对话框中选择文件类型

③ 在"打开"对话框中,可以浏览并选择该类型文件的文档。

④ 在"打开"对话框中,还可以选择的选项如下。

- 单击位于 打开(O) ▼ 按钮旁边的向下箭头 ▼,可以选择"以只读打开"或"添加到收藏"选项。

- 预览。在"配置"内选择一个配置名称(一般为默认)来查看特定配置,勾选"打开"对话框中的 ☑ 缩略图 复选框,可以预览指定的文档文件。

- 高级。在"打开"对话框中的"配置"内选择"高级",打开所选零件时,系统将打开"配置文件"对话框(仅限装配体),如图 1-11 所示。

- 只看。打开零件文件只供观看。在零件和装配体文档中,可通过用右击图形区域并选择"编辑"命令来更换为编辑模式。

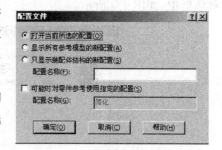

图 1-11 "配置文件"对话框

- 轻化。勾选"打开"对话框中的 ☑ 轻化(L) 复选框,可以打开带"轻化"零件的装配体文档。

- 大型装配体模式。以大型装配体模式打开装配体模型或装配体工程图。只有在选择了其零部件数超出了在工具、选项、系统选项、装配体中大型装配体下所指定阈值的装配体时才可供使用。

- 参考。单击"打开"对话框中的 参考(F)... 按钮,在系统弹出的"编辑参考的文件位置"对话框中显示被当前所选装配体或工程图所参考的文件清单,如图 1-12 所示,可以编辑所列文件的位置。

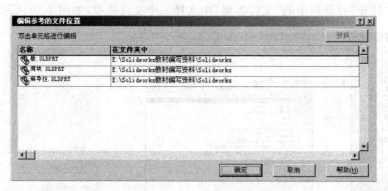

图 1-12 "编辑参考的文件位置"对话框

- 快速查看。勾选 ☑ 快速查看 复选框,可以打开工程图的简化显示。对于具有多张图纸的工程图,可以在"快速查看"中打开一张或多张图纸。

⑤ 单击 打开(O) 按钮以打开文档,或双击"打开"对话框中的指定文档以打开此文档。

任务二 建立参考几何体

一、知识与技能准备

利用 SolidWorks 2009 软件创建零件或装配体文件时,零件的草图都是在基准面上绘制的,但有时在绘制零件的草图时还需生成三个预设基准面以外的其他基准面和基准轴。参考几何体包括基准面、基准轴、坐标系和参考点,其对应工具图标为 ◇ \ ↳ ※ 。

基准面——也就是通常所说的零件投影面或剖面,用来绘制零件草图、生成模型的剖面视图、作为零件拔模特征的中性面等。

基准轴——在生成草图几何体时或在圆周阵列中使用。

坐标系——可在实体零件或装配体所需要的指定位置上定义坐标系,也可用于将 SolidWorks 文件输出至 IGES、STL、ACIS、STEP、Parasolid、VRML 和 VDA 前定义坐标系。

参考点——可生成数种类型的参考点用做构造对象,还可以指定的距离分割曲线,并在曲线上生成多个参考点。

1. 基准面的生成

① 单击基准面图标 ◇(参考几何体工具栏),或选择"插入"→"参考几何体"→"基准面"命令。

② 在 PropertyManager 中选取要生成的基准面类型及项目来生成基准面。

- **通过直线/点(L)** 通过边线、轴,或草图线及点,或通过三点生成一基准面。
- **点和平行面(P)** 通过点并平行于一基准面或面生成一基准面。
- **90.00deg** 通过一条边线、轴线或草图线,并与一个面或基准面成一定角度而生成一基准面。
- **10.00mm** 生成平行于一个基准面或面,并等距指定距离的基准面。
- **垂直于曲线(N)** 生成通过一个点且垂直于一条边线、轴线或曲线的基准面。
- **曲面切平面(S)** 在空间面或圆形曲面上生成一个与其相切的基准面。

③ 在图形区域中选择用来生成参考点的实体。

2. 基准轴的生成

① 单击参考几何体工具栏上的基准轴图标 \ ,或选择"插入"→"参考几何体"→"基准轴"命令。

② 在基准轴的 PropertyManager 中选择轴类型,然后为此类型选择所需实体来生成基准轴。

- **一直线/边线/轴(O)** 选择实体上的一直线、边线或轴生成基准轴。
- **两平面(T)** 选择两个基准面或实体上的两个相交平面生成基准轴。
- **两点/顶点(W)** 选择实体上的两点生成基准轴。
- **圆柱/圆锥面(C)** 选择实体上的圆柱面或圆锥面生成基准轴。
- **点和面/基准面(P)** 选择一个点和一个面或基准面生成垂直此面的基准轴。

③ 检查 PropertyManager 参考实体 列表框中列出的项目是否与选择的相对应。

④ 单击 ✓ 按钮。

⑤ 选择"视图"→"基准轴"命令以查看新的基准轴。

3. 坐标系的生成

① 单击参考几何体工具栏上的坐标系图标 ,或选择"插入"→"参考几何体"→"坐标系"命令。

② 在图形区域中选择用来生成坐标系的实体,使用坐标系的 PropertyManager 来生成坐标系。

③ 单击 ✓ 按钮。

4. 参考点的生成

① 单击参考几何体工具栏上的坐标系图标 ,或选择"插入"→"参考几何体"→"点"命令。

② 在 PropertyManager 中选择要生成的参考点类型。

- 圆弧中心(I) 选择一圆弧或圆弧边线生成参考点。
- 面中心(C) 选择一面生成参考点。
- 交叉点(I) 选择两个实体或草图线段的交叉点生成参考点。
- 投影(P) 选择一面或基准面及一点生成参考点。
- 10.00mm 选择一边线或草图线段生成参考点。

③ 在图形区域中选择用来生成参考点的实体。

④ 单击 ✓ 按钮。

二、任务内容

① 建立一个与前视基准面垂直,并与水平面成 60°夹角的基准面。

② 建立与该基准面平行且相距 50mm 的基准面。

三、思路分析

要建立一个垂直于前视基准面并与水平面成 60°夹角的基准面,首先要在上视基准面上建立一个与前视基准面垂直的旋转轴,然后利用上视基准面绕建立的旋转轴旋转,建立与其成 60°夹角的基准面。最后,利用建立的 60°夹角基准面,建立与其平行且相距 50mm 的基准面。

四、操作步骤

① 选择菜单栏中的"文件"→"新建"命令,或单击图示工具栏中的新建文档图标 ,或单击任务窗格 SolidWorks 资源图标 ,单击"开始"下的图标 新建文档,系统将显示"新建"对话框。

② 单击"新建"对话框中的"零件"选项后,再单击"确定"按钮,系统将开启一个新的零件文档窗口。

③ 在新零件文档窗口中的图形区域显示系统预设的基准面——前视基准面(XY 平面)、上视基准面(XZ 平面)及右视基准面(YZ 平面),如图 1-13 所示。

④ 单击 参考几何体 中的 基准轴 图标,或选择"插入"→"参考几何体"→"基准轴"命令,在 PropertyManager 中显示建立"基准轴",如图 1-14 所示。

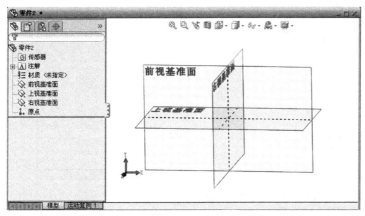

图 1-13 系统预设的基准面

图 1-14 建立"基准轴"

⑤ 单击"基准轴"中的 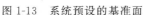 两平面(T) 图标,如图 1-15 所示,在图形区域的设计树中单击上视与右视两个基准面后,单击"基准轴"中的 ✓ 按钮生成基准轴 1。

⑥ 单击 参考几何体 中的 基准面 图标,或选择"插入"→"参考几何体"→"基准面"命令,在 PropertyManager 中显示建立"基准面",如图 1-16 所示。

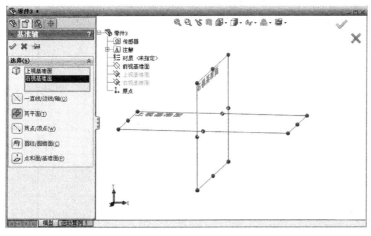

图 1-15 建立"基准轴 1"

图 1-16 建立"基准面"

⑦ 在图形区域的设计树中单击上视基准面与基准轴 1 后,在"基准面"的 90.00deg 文本框中输入"60",如图 1-17 所示,单击"基准面"中的 ✓ 按钮,生成基准面 1——与前视

基准面垂直,并与水平面成 60°夹角的基准面建立完成。

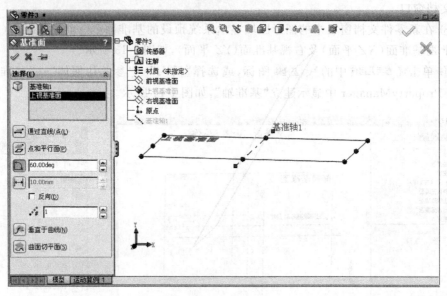

图 1-17　建立"基准面 1"

⑧ 单击 参考几何体 中的 基准面 图标,或选择"插入"→"参考几何体"→"基准面"命令,在图形区域的设计树中单击基准面 1 后,在"基准面"的 10.00mm 文本框中输入"50",如图 1-18 所示,单击"基准面"中的 按钮,生成基准面 2——与基准面 1 平行且相距50mm 的基准面建立完成,保存文件。

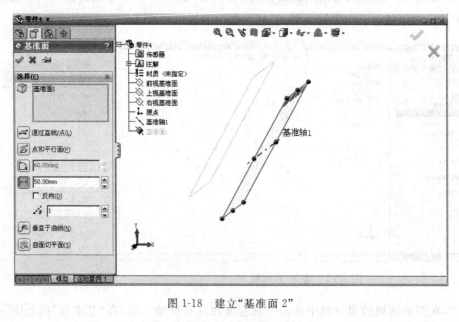

图 1-18　建立"基准面 2"

五、知识扩展

除可以利用前导视图工具 、 、 、 、 - 、 - 、 操纵视图外，还可以利用其他工具操纵视图。

1. 利用鼠标中键

用鼠标中键平移、旋转、放大和缩小视图。按住 Shift 键，利用鼠标中键拖动视图在图形区平移；按住鼠标中键并移动鼠标，可以旋转视图的方向；滚动鼠标中键可以调整视图的大小；用鼠标中键在图形区域双击，可以使视图整屏显示。

2. 利用键盘方向键

分别用键盘 4 个方向键可以在 4 个方向上旋转视图；分别用键盘 4 个方向键＋Ctrl 键，可以分别在 4 个方向上平移视图。

3. 使用图形区域左侧底部的参考三重轴

可以单击图形区域左侧底部的参考三重轴 X、Y 或 Z，更改视图方向，使视图垂直于所选的参考三重轴。

4. 在不改变总视图大小的情况下使用放大镜

选择"工具"→"自定义"命令，打开如图 1-19 所示的"自定义"对话框，在"自定义"对话框的"键盘"选项卡中搜索"放大镜"，并输入其快捷键为 G。

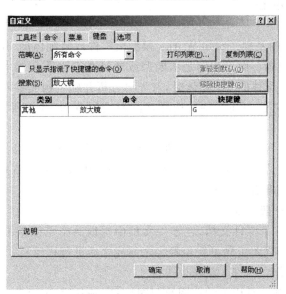

图 1-19　建立放大镜快捷键

将鼠标指针移动到模型要放大部位并在键盘上按 G 键，放大镜启用，如图 1-20 所示。滚动鼠标中键可以放大或缩小；按 Esc 键或 G 键，放大镜关闭。

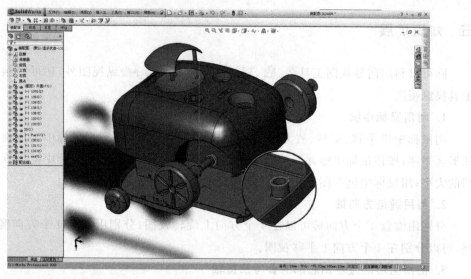

图 1-20 启用放大镜

任务三 草 图 绘 制

一、知识与技能准备

草图是 3D 模型的基础。SolidWorks 模型由零件或装配体的 3D 实体组成，3D 实体的建立从绘制草图开始。而工程图是从模型或通过在工程图文档中绘图而创建。通常，建立一个新零件或装配体的 3D 实体时，首先要分析并确定构成零件或装配体 3D 实体的基体特征，然后为建立这些基体特征选择基准面绘制草图，并用所绘制的草图生成基体特征。

一般来说，为第一个草图选择的基准面决定零件的方位。建立第一个草图的基准面不一定要使用系统默认的基准面，它可以是任意角度生成的一个新基准面。但是，视图的方向仍由系统默认基准面来决定。

1. 绘制草图的一般过程

① 新建或打开一个零件文档，在零件文档中选取一个草图基准面（选择所显示的三个基准面之一）或平面（此步骤可在步骤②之前或之后进行操作）。

② 通过以下操作之一进入草图模式。

- 单击草图绘制工具栏上的草图绘制图标 ，或选择"插入"→"草图绘制"命令，进入草图模式。
- 在草图绘制工具栏上选取一草图工具（如圆 ）。
- 单击特征工具栏上的"拉伸凸台/基体"图标 或"旋转凸台/基体"图标 （此模式草图必须为闭合的草图）。
- 在 FeatureManager 设计树中，右击一已有草图，然后单击编辑草图工具图标 。

③ 利用草图工具绘制草图(如由直线、矩形、圆、样条曲线等组成的草图实体)。

④ 添加尺寸和几何关系(草图可大致绘制,然后由尺寸和几何关系控制其大小和位置)。

⑤ 单击右上角的 按钮或草图绘制图标 进行确认,完成草图绘制。

在很多情况下,利用一个复杂轮廓草图来生成一个拉伸特征,与利用一个较简单的轮廓草图与几个额外的特征生成一个拉伸特征,具有相同的结果。复杂的草图重建速度比较快(如草图圆角的重新计算速度比圆角特征快),但是复杂草图的绘制和编辑都比较麻烦,而较简单的草图更容易生成、标注尺寸、修改、管理以及理解。一般而言,最好是使用不太复杂的草图几何体和更多的特征建立零件模型。

2. 利用已生成零件的草图生成新的草图

① 单击草图绘制工具栏上的草图绘制图标 ,或单击"拉伸凸台/基体"图标 ,或单击"旋转凸台/基体"图标 ,或选择"插入"→"草图绘制"命令,进入草图模式。

② 单击一个基准面、已生成零件的面或边线以添加新的草图。

③ 单击 FeatureManager 设计树中一生成零件的草图。

④ 单击转换实体引用图标 ,从现有草图抽取实体来生成新的草图。

⑤ 单击右上角的 按钮或草图绘制图标 退出草图模式,或单击特征工具栏上的"拉伸凸台/基体"图标 或"旋转凸台/基体"图标 。

3. 草图绘制模式

在 2D 草图绘制中有两种草图绘制模式,即单击-拖动和单击-单击。在 3D 草图绘制中只有单击-拖动模式可用。

① 如果在绘制草图时单击第一个点并拖动,则进入单击-拖动模式。

② 如果在绘制草图时单击第一个点并释放,则处于单击-单击模式。

在单击-单击模式下,单击直线和圆弧工具时会生成连续的线段(链)。执行如下操作之一可终止草图链。

① 双击以终止实体链并保持工具为激活状态。

② 右击并选择"结束链"命令,这与双击的作用相同。

③ 按 Esc 键以中止链并释放工具。

④ 将指针移到视图窗口外以停止拖动,然后选取另一工具也将终止链。

4. 设置草图的系统选项

选择"工具"→"选项"命令或单击"选项"图标 ,在"系统选项"→"草图"与"系统选项"→"几何关系/捕捉"选项中,可设置以下草图的系统选项,如图 1-21 所示。

① 自动几何关系:在添加草图实体时自动生成几何关系。

② 使用完全定义草图:需要草图在用来生成特征之前完全定义。

③ 激活捕捉:选择所有草图捕捉。

④ 在零件/装配体草图中显示圆弧中心点:在草图中显示圆弧圆心点。

⑤ 在零件/装配体草图中显示实体点:显示草图绘制实体的端点为实体点。

⑥ 尺寸随拖动/移动修改:在拖动草图绘制实体时或在移动或复制 PropertyManager

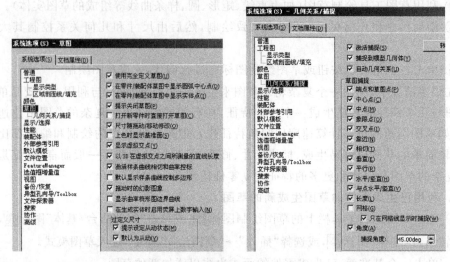

图 1-21 设置草图的系统选项

中的草图绘制实体时覆写尺寸,拖动或移动完成后尺寸会更新。

⑦ 拖动时的幻影图像:在拖动草图时显示草图绘制实体原有位置的幻影图像。

⑧ 在生成实体时启用荧屏上数字输入:在生成草图绘制实体时显示数字输入字段来指定大小。

⑨ 显示虚拟交点:在两个草图绘制实体的虚拟交点处生成一草图点。即使实际交点已不存在(例如,被绘制的圆角或绘制的倒角所移除的边角),但虚拟交点处的尺寸和几何关系被保留。

⑩ 提示关闭草图:如果生成一个具有开环轮廓的草图,然后单击"拉伸凸台/基体"图标来生成一凸台特征,会弹出"封闭草图至模型边线?"问题的对话框。使用模型的边线来封闭草图轮廓,并选择封闭草图的方向。

⑪ 过定义尺寸。

- 提示设定从动状态。当添加一过定义尺寸到草图时,会弹出"将尺寸设为从动?"问题的对话框。
- 默认为从动。当添加一过定义尺寸到草图时,默认设定尺寸为从动。

⑫ 激活样条曲线相切和曲率控标:为相切和曲率显示样条曲线控标。

⑬ 默认显示样条曲线控制多边形:显示控制多边形以操纵样条曲线的形状。

⑭ 显示曲率梳形图边界曲线:显示或隐藏随曲率检查梳形图所用的边界曲线。

⑮ 以 3D 在虚拟交点之间所测量的直线长度:从虚拟交点测量直线长度,而不是从 3D 草图中的端点。

5. 草图设定菜单(Sketch Settings Menu)

"工具"→"草图设定"的子菜单如图 1-22 所示,可选用的草图常用设定如下。

(1) 自动添加几何关系(Automatic Relations)

可设置生成草图实体时是否自动生成几何关系。根据草

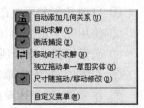

图 1-22 "草图设定"子菜单

图实体和鼠标指针的位置,同时可显示一个以上草图的几何关系。当绘制草图时,指针形状更改为显示可生成的那些几何关系。当"自动添加几何关系"被选中时,几何关系将添加。

(2) 自动求解(Automatic Solve)

可指定 SolidWorks 是否在生成零件特征时自动在零件特征中求解草图几何体。但要注意的是,若要对一个激活的草图进行许多尺寸参数改变时,可以暂时先关闭"自动求解"选项。

(3) 激活捕捉(Sketch Snaps)

除了在"系统选项"→"几何关系/捕捉"的"草图捕捉"选项中的"网格"外,选择所有"草图捕捉"的选项。

(4) 移动时不求解

可以在草图中不解出尺寸或几何关系的情况下,在草图中移动草图实体。如果在所选实体和其他草图实体或模型几何之间已存在尺寸或几何关系,则移动草图实体会出现一条警告信息。该信息询问是否想删除由尺寸或几何关系产生的约束。

① 如果单击"是"按钮,则会删除约束,然后移动实体。

② 如果单击"否"按钮,则不会删除约束,并且所选的实体会复制到该位置。

(5) 独立拖动单一草图实体

在绘制 2D 草图时,可以用鼠标将草图中那些尺寸或几何关系不阻止拖动的草图实体(直线、圆弧、椭圆或样条曲线)从与其他接触在一起的实体中分离出来。但"独立拖动单一草图实体"在 3D 草图中不可使用。

(6) 尺寸随拖动/移动修改

在绘制草图时,可以通过拖动草图实体来修改尺寸值,草图的尺寸会在拖动完成后更新。它们保持为驱动尺寸并可同时在零件、装配体和工程图中更新。

二、任务内容

① 绘制如图 1-23 所示的草图 1。

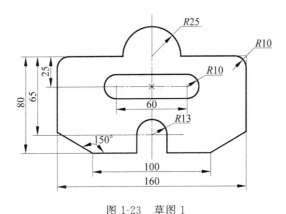

图 1-23　草图 1

② 绘制如图 1-24 所示的草图 2。
③ 绘制如图 1-25 所示的草图 3。

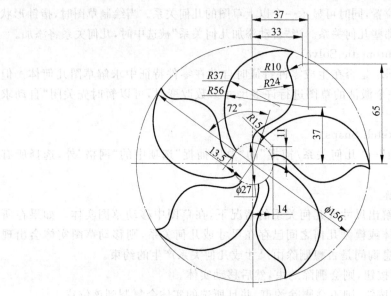

图 1-24 草图 2

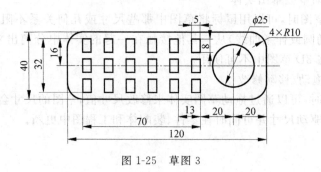

图 1-25 草图 3

三、思路分析

首先分析草图的结构特点与基本构成，在利用基本绘图命令绘制草图的基础上，巧妙地利用镜像、阵列和几何关系定义等编辑方法，简化草图绘制步骤。例如：草图 1 可以利用图形的对称特点来绘制；草图 2 可以利用图形的圆形阵列来绘制；草图 3 可以利用图形的方形阵列来绘制。

在绘制草图时，可以先绘制草图的大概形状，然后利用"修改尺寸"功能来得到一定形状和尺寸的草图。

四、操作步骤

1. 绘制如图 1-23 所示草图 1 的操作步骤

① 选择"文件"→"新建"命令，或单击图示工具栏中的新建文档图标，或单击

"SolidWorks 资源"(⌂)任务窗格中"开始"下的图标 新建文档，系统显示"新建"对话框。

② 单击"新建"对话框中的"零件"选项后，再单击"确定"按钮，系统将开启一个新的零件文档窗口。

③ 在零件文档中，选取"插入"→"草图绘制"命令，或单击草图绘制图标 ，然后移动鼠标在图形区域中单击一个草图基准面（可以根据零件实体建模方位选取），系统进入草图绘制界面。

④ 选取"工具"→"草图绘制实体"→"中心线"命令，或单击草图绘制工具栏中的 中心线 图标，移动鼠标在图形区域中绘制一条垂直中心线。

⑤ 单击所绘制的中心线，再选取"工具"→"草图工具"→"动态镜像"命令，或单击草图绘制工具栏中的动态镜像实体 图标，绘制的中心线如图 1-26 所示。

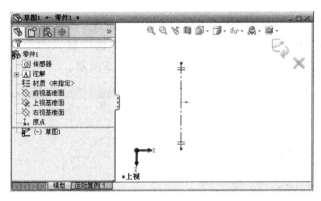

图 1-26　中心线

⑥ 选取"工具"→"草图绘制实体"→"直线"命令，或单击草图绘制工具栏中的 直线 图标，在中心线的一侧绘制草图 1 的中心线一侧图形，另一半图形自动生成，如图 1-27 所示。

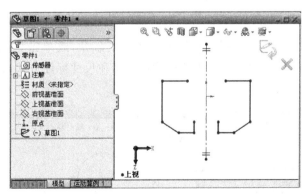

图 1-27　动态镜像绘制图形

⑦ 单击草图绘制工具栏中的动态镜像实体 图标，退出动态镜像实体状态，中心线上的动态镜像符号消失。

⑧ 单击草图绘制工具栏中的 圆心/起/终点画弧 图标，或选择"工具"→"草图绘制实体"→"圆弧"命令，完成圆弧绘制，如图 1-28 所示。

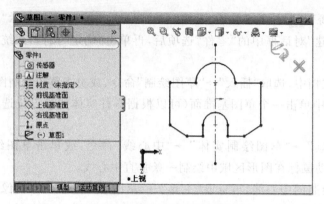

图 1-28　绘制圆弧

⑨ 选择"工具"→"草图绘制实体"→"圆角"命令,或单击草图绘制工具栏中的 绘制圆角 图标,在 PropertyManager 的圆角参数文本框中输入圆角大小,然后移动鼠标单击建立圆角的两条直角边,完成圆角绘制,如图 1-29 所示。

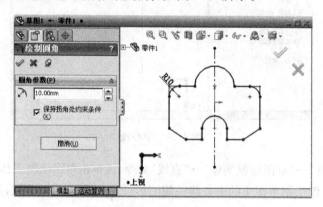

图 1-29　绘制圆角

⑩ 选择"工具"→"草图绘制实体"→"直槽口"命令,或单击草图绘制工具栏中的 直槽口 图标,在 PropertyManager 内选择槽口类型和尺寸标注方式后,移动鼠标绘制直槽口,如图 1-30 所示。

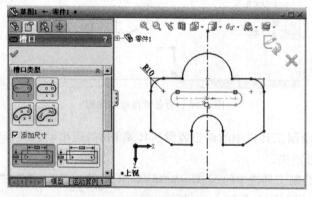

图 1-30　绘制直槽口

⑪ 单击草图绘制工具栏中的 [图标]完全定义草图图标,在PropertyManager内弹出"完全定义草图"对话框,如图1-31所示。

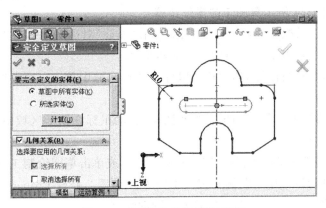

图1-31 "完全定义草图"对话框

⑫ 在"完全定义草图"对话框中选择要完成定义的实体、要应用的几何关系、尺寸方案与尺寸位置后单击 计算(U) 按钮,再单击 ✓ 按钮,草图被完全定义,如图1-32所示。

⑬ 按图1-23的草图1所示尺寸,分别双击草图上自动标注的尺寸,并在弹出的尺寸修改对话框(如图1-33所示)中输入要修改的尺寸数值,单击对话框中的 ✓ 按钮或按回车键,草图中要修改的尺寸修改完成(图形也会随尺寸的修改而变化)。在修改尺寸时,按照由小尺寸到大尺寸进行。

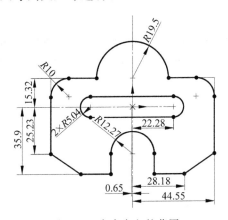

图1-32 完全定义的草图

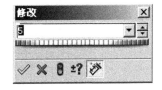

图1-33 尺寸修改对话框

⑭ 删除如图1-32所示草图中有的而草图1中没有的尺寸。单击草图上要删除的自动标注尺寸后,按Delete键,或右击,在弹出的右键快捷菜单中选择 ✗ 删除(☑) 命令,该尺寸被删除,有些尺寸也可不删除。按草图1中尺寸计算并修改当前图中尺寸。

⑮ 选择"工具"→"标注尺寸"→"智能尺寸"命令,或单击草图绘制工具栏中的 智能尺寸 图标,并按图1-23的草图1上所示尺寸进行标注。在尺寸标注过程中若出现尺寸过定义现象,可删除相应尺寸后再进行标注。

⑯ 单击右上角的图标 [图标] 或草图绘制图标 [图标] 进行确认,完成草图1的绘制。

⑰ 选择"文件"→"保存"命令,或单击图示工具栏中的保存文档图标 ![], 保存为"草图 1"。

2. 绘制如图 1-24 所示草图 2 的操作步骤

① 单击图示工具栏中的新建文档图标 ![], 在"新建"对话框中单击"零件"选项后再单击"确定"按钮,系统将开启一个新的零件文档窗口。

② 单击草图绘制图标 ![], 然后移动鼠标在图形区域中单击一个草图基准面,系统进入草图绘制界面。

③ 单击草图绘制工具栏中的 ![中心线] 图标,移动鼠标在图形区域中绘制两条互相垂直的中心线。

④ 选择"工具"→"草图绘制实体"→"圆"命令,或单击草图绘制工具栏中的 ![圆] 图标,移动鼠标在图形区域中绘制圆并按图 1-24 所示草图 2 修改 PropertyManager 内的圆参数,如图 1-34 所示,单击 ![] 按钮,完成 φ27 圆的绘制。

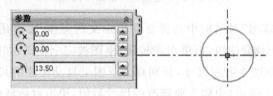

图 1-34 圆的绘制

⑤ 用同样的方法绘制 φ156 圆后,单击此圆,在弹出的菜单中单击"![]构造几何线"命令,φ156 圆实线转换为构造线。

⑥ 单击草图绘制工具栏中的 ![圆心/起/终点画弧] 图标,移动鼠标在图形区域中绘制圆弧并按图 1-24 所示草图 2 修改 PropertyManager 内的圆弧的圆心坐标与半径参数,如图 1-35 所示,并单击 ![] 按钮。

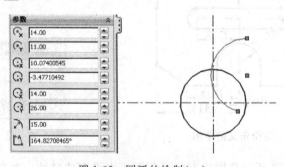

图 1-35 圆弧的绘制(一)

⑦ 用同样的方法绘制如图 1-24 所示草图 2 中其他给出圆心坐标和半径的圆弧,如图 1-36 所示。

⑧ 单击草图绘制工具栏中的 ![3点圆弧] 图标,并利用草图绘制工具栏中的 ![添加几何关系] 工具,绘制如图 1-24 所示草图 2 中半径为 R24 与 R37 的切弧,如图 1-37 所示。

⑨ 单击草图绘制工具栏中的 ![剪裁实体] 图标,修剪多余的圆弧线。

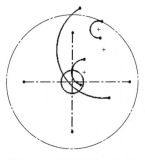
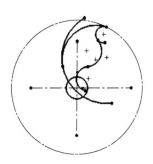

图 1-36 圆弧的绘制(二)   图 1-37 切弧的绘制

⑩ 单击草图绘制工具栏中的 ◆ 智能尺寸 图标,并按图 1-24 草图 2 上所示尺寸进行标注,如图 1-38 所示。

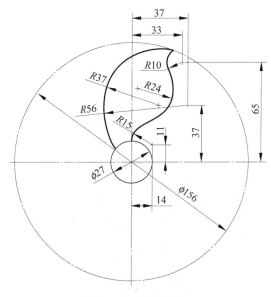

图 1-38 标注尺寸

⑪ 选择菜单栏中的"工具"→"草图工具"→"圆周阵列"命令,或单击草图绘制工具栏中的 ❀ 圆周草图阵列 图标,在 PropertyManager 内的"圆周阵列"对话框中输入要阵列的个数"5",阵列圆周角"360"度,并勾选"等间距"复选框,选择要阵列的圆弧线,如图 1-39 所示,单击 ✓ 按钮,完成图形圆周阵列。

⑫ 单击草图绘制工具栏中的 ❖ 剪裁实体 图标,修剪多余的圆弧线,如图 1-40 所示。

⑬ 按图 1-24 所示的草图 2,单击草图绘制工具栏中的 ⊙ 圆 图标,移动鼠标在图形区域中绘制 φ27 圆,并单击此圆弧,在弹出的菜单中选择"构造几何线"命令,φ27 圆弧实线转换为构造线。

⑭ 单击右上角的图标 ↙ 或草图绘制图标 ↙ 进行确认,完成草图 2 的绘制。

⑮ 选择菜单栏中的"文件"→"保存"命令,或单击图示工具栏中的保存文档图标 💾,保存为"草图 2"。

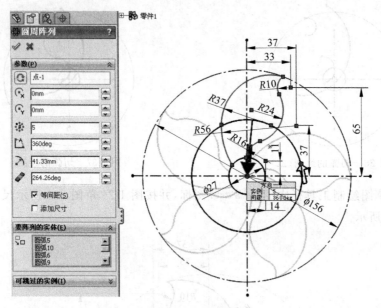

图 1-39　圆周阵列

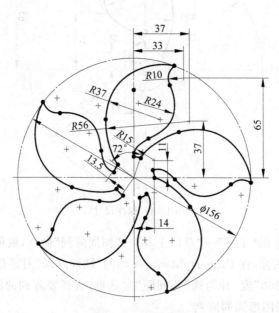

图 1-40　圆弧修剪

3. 绘制如图 1-25 所示草图 3 的操作步骤

① 选择菜单栏中的"文件"→"新建"命令,单击"新建"对话框中的"零件"选项后,再单击"确定"按钮,系统将开启一个新的零件文档窗口。

② 在零件文档中,选择"插入"→"草图绘制"命令,或单击草图绘制图标 ,然后移动鼠标在图形区域中单击一个草图基准面,系统进入草图绘制界面。

③ 单击草图绘制工具栏中的 边角矩形 图标,移动鼠标在图形区域中绘制一个 120×

40 的矩形。

④ 单击草图绘制工具栏中的 ┊中心线 图标,捕捉矩形两对边中点绘制一条水平中心线。

⑤ 单击草图绘制工具栏中的 ⊙ 圆 图标,移动鼠标在中心线上绘制一个 φ25 的圆。

⑥ 单击草图绘制工具栏中的 ┐绘制圆角 图标,在 PropertyManager 内的圆角参数文本框中输入圆角"10",然后移动鼠标单击建立圆角的两条直角边,完成圆弧绘制。

⑦ 单击草图绘制工具栏中的 ◇智能尺寸 图标,进行尺寸标注(或单击草图绘制工具栏中的 ℰ完全定义草图 图标,在"完全定义草图"对话框中选择要完成定义的实体、要应用的几何关系、尺寸方案与尺寸位置后单击 计算(U) 按钮,再单击 ✓ 按钮,草图被完全定义),并按图 1-24 所示草图 2 尺寸进行尺寸修改,结果如图 1-41 所示。

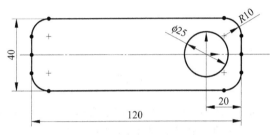

图 1-41 标注尺寸后的图形

⑧ 单击草图绘制工具栏中的 □边角矩形 图标,移动鼠标在图 1-41 中绘制矩形并单击草图绘制工具栏中的 ◇智能尺寸 图标标注尺寸,然后按图 1-24 所示草图 2 尺寸进行尺寸修改,结果如图 1-42 所示。

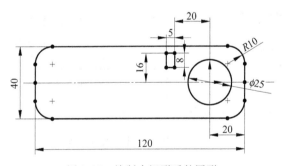

图 1-42 绘制小矩形后的图形

⑨ 选择"工具"→"草图工具"→"线性阵列"命令,或单击草图绘制工具栏中的阵列图标 ▦ 线性草图阵列,在 PropertyManager 内"线性阵列"对话框的"要阵列的实体"中单击并移动鼠标选取小矩形的四条边,在 X 轴方向输入要阵列的间距 13 和个数 6,在 Y 轴方向输入要阵列的间距 12 和个数 3,如图 1-43 所示,单击 ✓ 按钮,完成图形线性阵列。

线性阵列时可以通过单击 PropertyManager 内 X 轴方向或 Y 轴方向的图标 ⇄,调整线性阵列的方向;也可以勾选 PropertyManager 内的 □添加尺寸(D) 复选框来定义线性阵列后的草图。若要跳过线性阵列中的一些实体,可在 PropertyManager 内的"可跳过的实体"

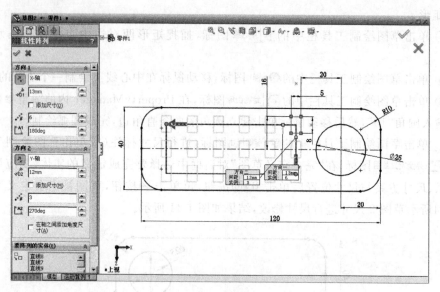

图 1-43 线性草图阵列

中单击并移动鼠标选取线性阵列中要跳过的矩形中心点,此矩形的中心位置在 PropertyManager 内"可跳过的实体"中显示,其图形在草图中(椭圆标注处)消失,如图 1-44 所示。

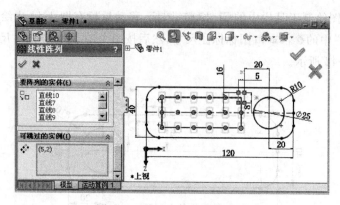

图 1-44 跳过实体的线性阵列

⑩ 单击草图绘制工具栏中的 ◇ 智能尺寸 图标,标注尺寸,然后按图 1-24 所示草图 2 尺寸对尺寸进行修改。

⑪ 单击右上角的图标 ✓ 或草图绘制图标 ⊘ 进行确认,完成草图 3 绘制。

⑫ 选择"文件"→"保存"命令,或单击图示工具栏中的保存文档图标 ▣ ,保存为"草图 3"。

五、知识扩展

1. 切换工具栏(CommandManager)上图标的说明和大小

右击工具栏,然后选择或取消选择"使用带有文本的大按钮"命令,可切换工具栏上图标的说明和大小,如图 1-45 和图 1-46 所示。

图 1-45　工具栏带有文本的大图标

图 1-46　工具栏不带有文本的小图标

2. 浮动工具栏

拖动或双击工具栏会使之成为单独浮动窗口。工具栏浮动后,可将工具栏拖动到 SolidWorks 窗口上或以外的任何地方。

3. 定位浮动的工具栏

要在工具栏浮动时将之定位,可进行以下操作之一:

① 在将工具栏拖动到 SolidWorks 界面上时,将指针移到定位图标 ▬(上定位)、▮(左定位)或 ▮(右定位)上,工具栏可分别定位于图形窗口的上面、左面或右面。

② 双击浮动的工具栏将之返回到上次定位的位置。

4. 草图的编辑

在活动草图中,可使用修改草图工具 ▱ 来移动、旋转或按比例缩放整个草图。若想移动、旋转、按比例缩放或复制单个草图实体,可使用移动、旋转、按比例缩放或复制实体工具。

5. 草图的尺寸标注

要完全定义草图,可使用智能尺寸 ◈ 工具(尺寸/几何关系工具栏)添加几何关系并应用尺寸。草图实体的尺寸也可影响尺寸标注功能。尺寸类型由所选择的草图实体所决定。对某些类型的尺寸标注(点到点、角度、圆),放置尺寸的位置也会影响所添加的尺寸类型。

① 单击尺寸/几何关系工具栏上的智能尺寸图标 ◈,或选择"工具"→"标注尺寸"→"智能尺寸"命令。默认尺寸类型为平行尺寸。

另外,可从右键快捷菜单上选择不同的尺寸标注类型:水平尺寸、竖直尺寸、尺寸链、水平尺寸链或竖直尺寸链。如果编辑工程视图,会有基准尺寸和倒角尺寸两个额外选择。

② 选择要标注尺寸的项目,如下所述。

- 圆弧的默认尺寸类型为半径。只需为该尺寸类型选取圆弧,也可标注圆弧的实际长度。
- 角度尺寸包括三个点、两条直线间的尺寸。这些角度尺寸通过选择两根草图直线,然后为每个尺寸选择不同位置而生成。
- 圆或圆弧的圆心距离圆弧或圆边线之间的尺寸,可分为同心圆之间的尺寸、圆弧之间或者直线之间或点和圆弧之间的最小、中心及最大圆弧范围的尺寸链。

移动指针时,尺寸标注会自动捕捉到最近的方位。

③ 单击以放置尺寸。使用智能尺寸工具可给 2D 或 3D 草图实体标注尺寸,可在智能尺寸工具激活时拖动或删除尺寸。

6. 快捷键

SolidWorks 指定快捷键的方式与标准 Windows 软件一致。例如:快捷键 Ctrl+O 打开文件,快捷键 Ctrl+S 保存文件,快捷键 Ctrl+Z 编辑文件。此外,也可以定制自己的快捷键。SolidWorks 指定的快捷键见表 1-1。

表 1-1　SolidWoks 指定的快捷键

功　　能	快　捷　键	功　　能	快　捷　键
水平或竖直旋转	方向键	上视	Ctrl+5
水平或竖直旋转 90°	Shift+方向键	等轴测	Ctrl+7
围绕中心旋转	Alt+左/右方向键	正视于	Ctrl+8
平移	Ctrl+方向键	视图定向对话框	空格键
动态放大/缩小	Shift+Z	切换选择过滤器工具栏	F5
整屏显示	F	切换选择过滤器	F6
上一视图	Ctrl+Shift+Z	过滤边线	E
前视	Ctrl+1	过滤顶点	V
左视	Ctrl+3	过滤面	X

练 习 题 一

绘制如图 1-47 所示的平面草图。

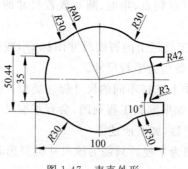

图 1-47　表壳外形

项目二

实体特征的建立

本项目基于不同零件的设计过程而设计了多个任务,强调完成一项特定任务所需遵循的过程和步骤。通过在 SolidWorks 软件中以图形范例的方式来演示这些步骤,逐步引导学生熟悉并掌握创建各种零件实体特征的方法。

零件的设计意图不仅受草图尺寸标注的影响,同时特征的选择和建模的方式对零件设计意图也有很大影响。为了合理而有效地使用 SolidWorks 参数化建模系统,必须在建模之前考虑好零件的设计意图。

知识与技能目标

能区分草图特征和直接生成特征;理解如何利用特征的选择和建模的方式来规划零件的设计意图;掌握基于特征的参数化实体建模方法进行零件设计。

任务一　支架零件设计

一、知识与技能准备

零件的实体特征或曲面特征,都可以用增料方式对已绘制草图进行拉伸、旋转、扫描、放样或加厚曲面等操作来建构;也可以用减料方式,从已有实体中减去实体或用曲面裁剪该实体来建构;还可以通过圆角过渡(等半径或变半径)、导斜角、加筋板、抽壳、添加拔模斜度等操作来建构。

零件模型创建的方式将决定它可修改的形式,也体现了零件不同的设计意图。通常,零件模型创建从绘制草图开始,然后根据零件结构生成一个基体特征,并在模型上添加更多的特征,也可以编辑特征或将特征重新排序而进一步完善零件设计。一个零件可以选择不同的建模方法,如整体生成法、叠加组合法和制造法等。

1. 建立实体特征工具条中各图标的作用

建立实体特征工具条中各图标的作用如图 2-1 所示。

2. 建立实体特征的基本操作步骤

① 生成草图。

② 单击实体工具之一图标(或选择"插入"→"××"→"××"命令)建立实体特征。

③ 在 PropertyManager 内设定各选项(当拖动操纵杆设定大小时,有一 Instant3D 标

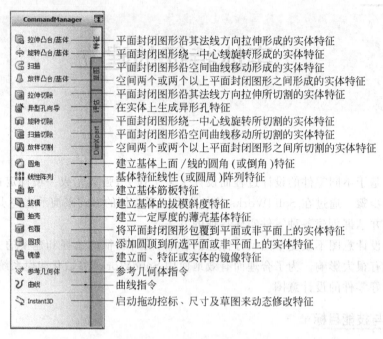

图 2-1 建立实体特征工具条

尺出现,可设定精确值)。

④ 单击 ✔ 按钮,完成实体特征的建立。

3. 建立筋特征

筋是由开环或闭环轮廓所生成的特殊类型拉伸特征。它在轮廓与现有零件之间添加指定方向和厚度的材料。

4. 建立阵列特征

阵列按线性或圆周阵列复制所选的源特征。可以按设计意图生成线性阵列、圆周阵列、曲线驱动的阵列、填充阵列,或使用草图点或表格坐标生成阵列。

5. 建立镜像特征

镜像复制所选的特征或所有特征,将它们对称于所选的平面或面进行镜像。

6. 建立圆角特征

圆角是在零件上生成的一个内圆角或外圆角面。可以为一个面的所有边线、所选的多组面、所选的边线或边线环生成圆角。

7. 建立切除特征

切除是从零件或装配体上移除材料的特征。在设计零件时,可以使用以下任一方法生成切除特征:拉伸、旋转、扫描、放样、边界、加厚特征以及曲面。

二、任务内容

建立如图 2-2 所示的支架零件 1。

项目二　实体特征的建立

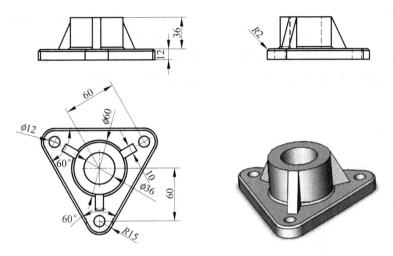

图 2-2　支架零件 1

三、思路分析

如图 2-2 所示支架零件 1 的设计意图如下：此零件可分别选用拉伸特征、筋板特征、阵列特征与圆角特征，采用叠加组合法建模，如图 2-3 所示。

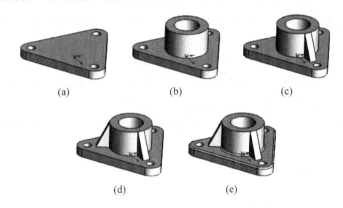

图 2-3　支架零件设计意图
(a) 拉伸平板；(b) 拉伸圆柱；(c) 建立筋板特征；(d) 筋板阵列；(e) 建立圆角特征

四、操作步骤

(1) 建立如图 2-4 所示的拉伸基体。

① 在 SolidWorks 2009 用户界面中单击 新建 图标，开启一个新的零件文档窗口。

② 单击 FeatureManager 设计树中的 上视基准面 按钮，再单击视图定向图标 后单击 草图绘制 图标，绘制草图 1，如图 2-5 所示。

③ 完成草图1绘制后关闭草图绘制命令,单击建立实体特征工具条中的 拉伸凸台/基体 图标,系统将在PropertyManager中弹出基体拉伸特征对话框。如图2-6所示,在基体拉伸特征对话框中选取从"草图基准面"开始拉伸,选取"方向1"为"给定深度",在 文本框中输入零件拉伸高度值12mm,单击 按钮,完成拉伸特征的建立。

图2-4 建立拉伸基体(一)

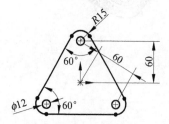

图2-5 绘制草图1(一)

图2-6 基体拉伸特征对话框(一)

(2) 在拉伸基体上建立如图2-7所示的凸台特征。

① 单击拉伸基体上表面,再单击视图定向图标 后单击 草图绘制 图标,绘制草图2,如图2-8所示。

② 完成草图2绘制后关闭草图绘制命令,单击建立实体特征工具条中的 拉伸凸台/基体 图标,系统将在PropertyManager中弹出凸台拉伸特征对话框。如图2-9所示,在凸台拉伸特征对话框中选取从"草图基准面"开始拉伸,选取"方向1"为"给定深度",在 文本框中输入零件拉伸高度值36mm,勾选 合并结果(M) 复选框,单击 按钮,完成凸台拉伸特征的建立。

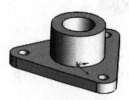

图2-7 建立凸台特征

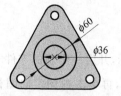

图2-8 绘制草图2(一)

图2-9 凸台拉伸特征对话框

项目二 实体特征的建立

(3) 建立如图 2-10 所示的筋板特征。

① 单击 FeatureManager 设计树中的 <右视基准面> 按钮,再单击视图定向图标 后单击 <草图绘制> 图标,绘制草图 3,如图 2-11 所示。

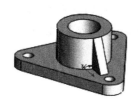

图 2-10 建立筋板特征

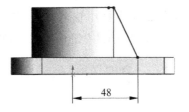

图 2-11 绘制草图 3(一)

② 完成草图 3 绘制后关闭草图绘制命令,单击建立实体特征工具条中的 <筋> 图标,系统将在 PropertyManager 中弹出筋板特征对话框。如图 2-12 所示,在筋板特征对话框中选择"厚度"为 ,在 的文本框中输入筋板厚度值 10mm,选择"拉伸方向"为 ,单击 按钮,完成筋板特征的建立。

(4) 建立如图 2-13 所示的阵列特征。

图 2-12 筋板特征对话框

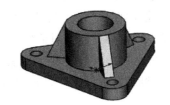

图 2-13 建立阵列特征

① 单击参考几何体工具条中的 <基准轴> 图标,系统将在 PropertyManager 中弹出基准轴特征对话框(见图 2-14(a))。单击凸台圆柱面,如图 2-14(b)所示。单击如

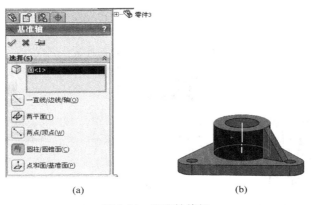

(a)   (b)

图 2-14 基准轴特征

图 2-14(a)所示的 ![]按钮,完成基准轴的建立。

② 单击基准轴,再单击建立实体特征工具条中的 [圆周阵列] 图标,系统将在 PropertyManager 中弹出圆周阵列特征对话框。在圆周阵列特征对话框中选择要阵列的筋板特征,在 [] 文本框中输入 360,在 [] 文本框中输入 3,然后勾选 [等间距(E)] 复选框,如图 2-15(a)所示;单击 ![]按钮,完成筋板圆周阵列特征的建立,如图 2-15(b)所示。

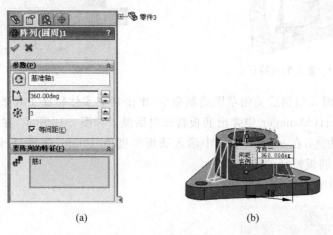

图 2-15 圆周阵列特征

(5) 建立如图 2-16 所示的圆角特征。

单击建立实体特征工具条中的 [圆角] 图标,系统将在 PropertyManager 中弹出圆角特征对话框。在圆角特征对话框中选择"手工",选中 [等半径(C)] 单选按钮,在 [] 文本框中输入 2mm,单击选择要圆角的边线,然后勾选 [切线延伸(G)] 复选框,如图 2-17(a)所示;单击 ![]按钮,完成圆角特征的建立,如图 2-17(b)所示。

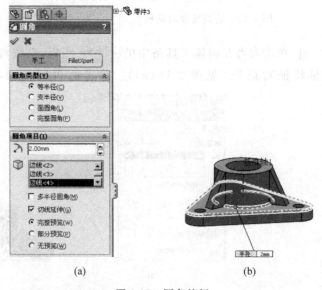

图 2-16 建立圆角特征(一)   图 2-17 圆角特征

(6) 保存零件。

五、知识扩展

1. 不可选图标

有时,我们会看到一些命令、图标和菜单选项变成灰色不可选,这是因为只有在恰当的环境中,才能使用这些功能。例如,如果处在草图编辑模式,可以使用所有的草图编辑工具;然而不能选取特征工具栏中的图标,如选取圆角或倒角图标。同样,处于零件编辑模式时,可以选取有关的图标,但草图编辑工具变成灰色不可选。

2. 在模型上将特征移动到新位置

单击 Instant3D 图标 (特征工具),在图形区域中,移动鼠标双击一要移动的特征,按住特征上显示出的控标将特征拖动到新位置,如图 2-18 所示。

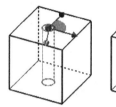 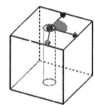 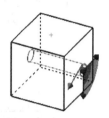

图 2-18　模型上移动特征

如要一次移动多个特征,请在选择特征时按住 Ctrl 键。

3. 在模型上复制特征

用鼠标双击要复制的特征,按住 Ctrl 键,使用特征上显示出的控标将特征拖动到新位置上,如图 2-19 所示。如要将特征从一个零件复制到另一个零件上,先要将零件窗口平铺,用鼠标双击要复制的特征,按住 Ctrl 键,然后使用特征上显示出的控标将该特征从一个窗口拖放到另一个窗口的零件上。

在模型上复制特征也可以使用标准工具栏中的复制 和粘贴 工具。

4. 拖动拉伸特征

单击 Instant3D 图标 (特征工具)还可以沿一个方向拖动拉伸凸台以增加凸台,或沿相反方向拖动以生成切除拉伸,如图 2-20 所示。

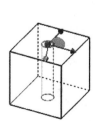 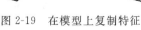 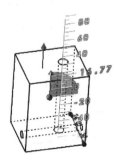 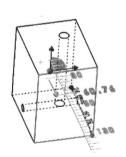

图 2-19　在模型上复制特征　　　　图 2-20　拖动拉伸特征

使用 Instant3D 生成特征：生成草图，并由该草图生成凸台切除或凸台拉伸特征，然后退出草图编辑模式。在图形区域中选择一个草图轮廓，此时将出现拖动控标；移动指针，以拖动草图轮廓；量尺将出现，且草图拉伸；可以沿任一路线从开始的草图基准面拖动指针。如果在现有特征的面上生成草图，可以根据选择草图轮廓的位置生成凸台或切除拉伸特征。

5. 设计支架零件 2

设计如图 2-21 所示的支架零件 2。

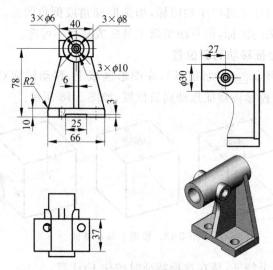

图 2-21　支架零件 2

如图 2-21 所示支架零件 2 的设计意图如下：此零件可分别选用拉伸特征、筋板特征、镜像特征与圆角特征，采用叠加组合法建模，如表 2-1 所示。

表 2-1　支架零件 2 设计意图

特　征	草　图	实　体
拉伸凸台/基体		拉伸值为 27mm
拉伸凸台/基体		拉伸值为 6mm

续表

特　征	草　图	实　体
拉伸凸台/基体	与 R15 圆全等	两侧拉伸值分别为 6mm、66mm
筋	17 在右视绘图	筋厚为 6mm
圆角	半径：20mm	
拉伸凸台/基体	⌀18　⌀30　27 在右视绘图	两侧对称拉伸值为 40mm
旋转切除	40　5　5　9　3 在右视绘图	

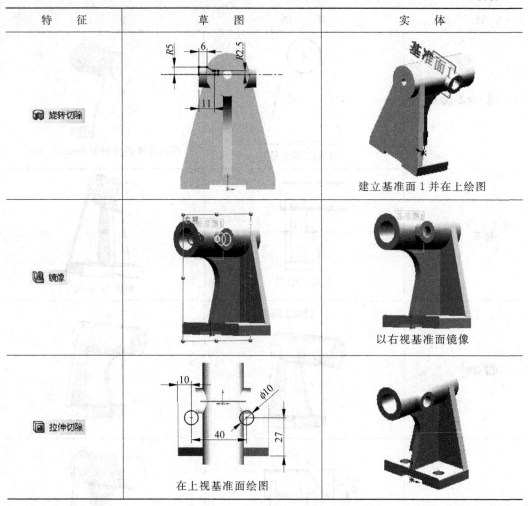

任务二 弯头零件设计

一、知识与技能准备

1. 建立扫描特征

扫描是一轮廓(截面)沿着一条路径移动生成的基体、凸台、切除或曲面。在建立扫描特征时,应遵循以下规则:

① 对于基体或凸台建立扫描特征时,轮廓必须是闭环的;对于曲面建立扫描特征时,则轮廓可以是闭环的也可以是开环的。

② 路径可以为开环或闭环。

③ 路径可以是一张草图、一条曲线或一组模型边线中包含的一组草图曲线。

④ 路径的起点必须位于轮廓的基准面上。

⑤ 不论是截面、路径或所形成的实体,都不能出现自相交叉的情况。

⑥ 若建立扫描特征时使用引导线,则引导线必须与轮廓或轮廓草图中的点重合。

2. 扫描类型

① 轮廓扫描。使用轮廓和路径生成扫描特征。

② 实体扫描(只限切除扫描)。使用工具实体和路径生成切除-扫描特征。最常见的用途是绕圆柱实体创建切除特征。当选取实体扫描时,路径必须在自身内相切(无尖角),并在工具实体轮廓上的点或内部开始。工具实体必须符合以下条件。

- 是 360°旋转特征。
- 只包含分析几何体,如直线和圆弧。
- 没有与模型合并。

3. 选项设置

① 方向/扭转类型。在控制轮廓沿着路径进行扫描时,其"方向/扭转类型"有如下选项。

- 随路径变化。截面相对于路径的角度始终保持不变。
- 保持法向不变。截面总是与起始截面保持平行。
- 随路径和第一引导线变化。中间截面的扭转由路径到第一条引导线的向量决定。在所有中间截面的草图基准面中,该向量与水平方向之间的角度保持不变。
- 随第一和第二引导线变化。中间截面的扭转由第一条引导线到第二条引导线的向量决定。在所有中间截面的草图基准面中,该向量与水平方向之间的角度保持不变。
- 沿路径扭转。沿路径扭转截面。在定义方式下按度数、弧度或旋转定义扭转。
- 以法向不变沿路径扭曲。使截面与开始截面在沿路径扭转时保持平行。

② 定义方式。在沿路径扭转或以法向不变沿路径扭曲,并在"方向/扭转类型"中被选择时可用。

- 扭转定义。定义扭转。选择度数、弧度或反转。
- 扭转角度。在扭转中设定度数、弧度或反转数。

③ 路径对齐类型。在随路径变化,并在"方向/扭转类型"中被选择时可用。当路径上出现少许波动和不均匀波动,使轮廓不能对齐时,可以将轮廓稳定下来。其选项如下。

- 无。垂直于轮廓而对齐轮廓。不进行纠正。
- 最小扭转(只对于 3D 路径)。阻止轮廓在随路径变化时自我相交。
- 方向向量。以方向向量所选择的方向对齐轮廓。选择设定方向向量的实体。
- 所有面。当路径包括相邻面时,使扫描轮廓在几何关系可能的情况下与相邻面相切。

④ 方向向量。在方向向量为路径对齐类型选择时可用。选择一基准面、平面、直线、

边线、圆柱、轴、特征上顶点组等来设定方向向量。

⑤ 合并切面。如果扫描轮廓具有相切线段,可使所产生的扫描中的相应曲面相切。保持相切的面可以是基准面、圆柱面或锥面。其他相邻面被合并,轮廓被近似处理。草图圆弧可以转换为样条曲线。

⑥ 显示预览。显示扫描的上色预览。取消选择只显示轮廓和路径。

⑦ 合并结果。将多个实体合并成一个实体。

⑧ 与结束端面对齐。将扫描轮廓继续到路径所碰到的最后面。扫描的面被延伸或缩短以与扫描端点处的面匹配,而不要求额外几何体。此选项常用于螺旋线。

4. 引导线

引导线的作用是在轮廓沿路径扫描时加以引导。引导线必须与轮廓或轮廓草图中的点重合。当选择了合并平滑的面时,可以改进带引导线扫描的性能,并在引导线或路径不是曲率连续的所有点处分割扫描。

二、任务内容

建立如图 2-22 所示的弯头零件。

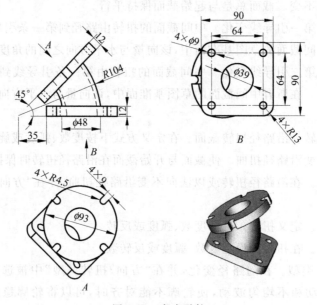

图 2-22 弯头零件

三、思路分析

如图 2-22 所示弯头零件的设计意图如下:此零件可分别选用拉伸特征、扫描特征,采用叠加组合法建模,如图 2-23 所示。

项目二 实体特征的建立 43

   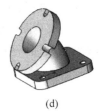
(a) (b) (c) (d)

图 2-23 弯头零件设计意图
(a) 拉伸；(b) 扫描；(c) 拉伸平板；(d) 扫描切除

四、操作步骤

(1) 建立如图 2-24 所示的拉伸基体。

① 进入 SolidWorks 2009 系统，单击 🗋 新建 图标，开启一个新的零件文档窗口。

② 单击 FeatureManager 设计树中的 ◇ 上视基准面 按钮，再单击视图定向图标 ↓ 后单击 ✐ 草图绘制 图标，绘制草图 1，如图 2-25 所示。

③ 完成草图 1 绘制后关闭草图绘制命令，单击建立实体特征工具条中的 🔲 拉伸凸台/基体 图标，系统将在 PropertyManager 中弹出基体拉伸特征对话框。如图 2-26 所示，在基体拉伸特征对话框中选取从"草图基准面"开始拉伸，选取"方向 1"为"给定深度"，在 ⬈D1 文本框中输入零件拉伸高度值 12mm，单击 ✔ 按钮，完成拉伸特征的建立。

图 2-24 建立拉伸基体(二)

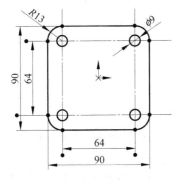

图 2-25 绘制草图 1(二)

图 2-26 基体拉伸特征对话框(二)

(2) 在拉伸基体上建立如图 2-27 所示的扫描基体。

① 单击拉伸基体上表面，再单击视图定向图标 ↓ 后，单击 ✐ 草图绘制 图标，绘制草

图 2,如图 2-28 所示。

② 完成草图 2 绘制后关闭草图绘制命令,然后单击 FeatureManager 设计树中的 ◇右视基准面 按钮,再单击视图定向图标 ↕ 后单击 ✎草图绘制 图标,绘制草图 3,如图 2-29 所示。

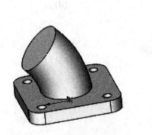
图 2-27 建立扫描基体

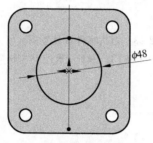
图 2-28 绘制草图 2(二)

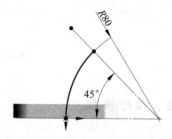
图 2-29 绘制草图 3(二)

③ 完成草图 3 绘制后关闭草图绘制命令,单击建立实体特征工具条中的 ☞扫描 图标,系统将在 PropertyManager 中弹出基体扫描特征对话框。在基体扫描特征对话框中依次在扫描截面 ✎ 与扫描路径 ✎ 中选入"草图 2"与"草图 3",其他选项的设置如图 2-30 所示,单击 ✓ 按钮,完成扫描特征的建立。

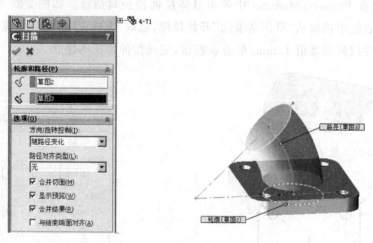
图 2-30 扫描基体参数设置

(3) 在扫描基体上建立如图 2-31 所示的拉伸基体。

① 单击扫描基体上表面,再单击视图定向图标 ↕ 后单击 ✎草图绘制 图标,绘制草图 4,如图 2-32 所示。

② 完成草图 4 绘制后关闭草图绘制命令,单击建立实体特征工具条中的 ☞基体-拉伸 图标,系统将在 PropertyManager 中弹出基体拉伸特征对话框。在基体拉伸特征对话框中选取从"草图基准面"开始拉伸,选取"方向 1"为"给定深度",在 ✎ 文本框中输入零件拉伸高度值 12mm,勾选 ☑合并结果(M) 复选框,单击 ✓ 按钮,完成拉伸特征的建立。

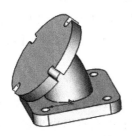

图 2-31　建立拉伸基体(三)

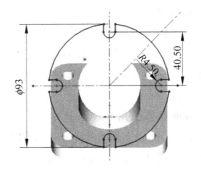

图 2-32　绘制草图 4(一)

(4) 建立如图 2-33 所示的扫描切除特征。

① 单击拉伸基体上表面,再单击视图定向图标 ↕ 后单击 ┌草图绘制┐ 图标,绘制草图 5,如图 2-34 所示。

② 完成草图 5 绘制后关闭草图绘制命令,然后单击 FeatureManager 设计树中的 ┌右视基准面┐ 按钮,再单击视图定向图标 ↕ 后单击 ┌草图绘制┐ 图标,绘制草图 6,如图 2-35 所示。

图 2-33　建立扫描切除特征(一)

图 2-34　绘制草图 5(一)

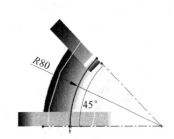

图 2-35　绘制草图 6(一)

③ 完成草图 6 绘制后关闭草图绘制命令,单击建立实体特征工具条中的 ┌扫描┐ 图标,系统将在 PropertyManager 中弹出基体扫描特征对话框。在基体扫描特征对话框中依次在扫描截面 与扫描路径 中选入"草图 5"与"草图 6",其他选项的设置如图 2-30 所示,单击 按钮,完成扫描切除特征的建立。

(5) 保存零件。

五、知识扩展

1. 构造几何线

为了方便建模,有时可以将绘制的实体转换为在生成模型几何体时所用的构造几何线,操作如下。

① 将一个或多个草图实体转换为构造几何线。在打开的草图中选择要转换的草图实体,单击草图绘制工具栏上的构造几何线图标 ,或在 PropertyManager 中勾选"作为

构造线"复选框。

② 将工程图中的草图实体转换为构造几何线。选择要转换的草图实体,单击草图绘制工具栏中的构造几何线图标 ,或选择"工具"→"草图绘制工具"→"构造几何线"命令,或在 PropertyManager 中勾选"作为构造线"复选框,或右击所选草图实体并选择"构造几何线"命令。

2. 转换实体引用

有时为了简化草图绘制,可通过 转换实体引用 工具投影一边线、环、面、曲线,或外部草图轮廓线、实体上一组边线或一组草图曲线到草图基准面上以在草图中生成一条或多条曲线。

3. 编辑零件特征

在建立零件过程中或在完成的零件文件中,都可以在零件的特征管理器列表中单击要编辑的特征后按鼠标右键,对零件进行特征编辑操作。

(1) 编辑特征的定义、草图或属性

编辑特征的定义可以改变其参数。例如,单击要编辑特征后,右击并选择"编辑特征"命令,系统根据所选择的特征类型弹出相应的对话框。在对话框中输入新的数值或设置相关选项,可以编辑拉伸特征的深度、圆角,或选择边线等,然后单击"应用"或"确定"按钮接受更改,或单击"取消"按钮放弃更改。

编辑特征的草图可以改变特征的形状和大小。例如,单击要编辑的特征或要编辑特征下的草图后,右击并选择"编辑草图"命令,则进入草图绘制界面。编辑草图的形状和尺寸,然后单击"确定"按钮接受更改,或单击"取消"按钮放弃更改。

编辑特征的属性可以改变特征的名称和颜色。例如,单击要编辑的特征后,右击并选择"属性"命令,在系统弹出的特征属性对话框中编辑特征的名称和颜色。

(2) 查看特征的父子关系

通常某些特征建立在其他特征之上。例如,建立基体拉伸特征后,在其上建立一些附加特征,如凸台或切除拉伸。先建立的基体拉伸特征称为父特征,在其上建立的凸台或切除拉伸特征称为子特征。子特征依赖于父特征而存在。

(3) 在零件重建时更改特征重建的顺序

通过在特征管理器中拖放特征,可以更改特征重建的顺序。将指针放在特征名称上,按住鼠标左键并将其拖动到清单中新的位置。上下拖动时,所经过的项目会高亮显示。当释放鼠标左键后,所拖动的特征放在高亮显示的特征之后。如果重排特征顺序操作是合法的, 指针将会出现;否则出现 指针。

4. 建立旋转特征

旋转通过绕中心线旋转一个或多个轮廓来添加或移除材料。旋转特征可以是实体、薄壁特征或曲面。

5. 设计法兰端盖零件

设计如图 2-36 所示的法兰端盖零件。

如图 2-36 所示法兰端盖零件的设计意图如下:此零件可分别选用旋转特征、拉伸特征、圆角特征与阵列特征,采用叠加组

图 2-36 法兰端盖零件

合法建模,如表 2-2 所示。

表 2-2 法兰端盖零件设计意图

特 征	草图或参数	实 体
旋转凸台/基体	尺寸：25、7、3、10、R20、40、57、3	
拉伸凸台/基体	50、R25、12	
基准轴	利用圆柱面建立基准轴 1	基准轴 1
圆周阵列	基准轴1；360.00deg；4；等间距(E)；要阵列的特征(F)：拉伸1	
基准面	基准面 1 与底面距离为 3mm	基准轴 1
拉伸凸台/基体	Ø126	

续表

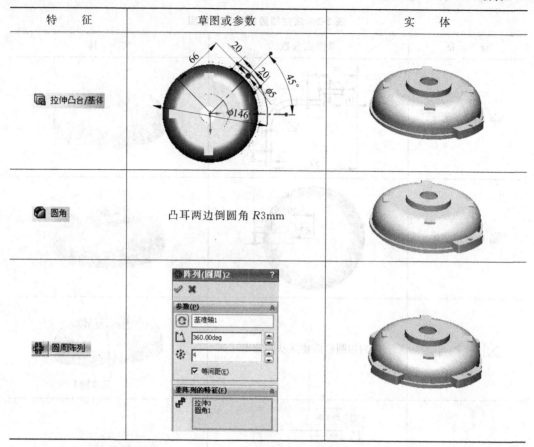

任务三　行星齿轮零件设计

一、知识与技能准备

1. 建立放样特征

放样是通过在轮廓之间进行过渡生成的特征。放样可以是基体、凸台、切除或曲面。在建立放样特征时,可以使用两个或多个轮廓生成放样。仅第一个或最后一个轮廓可以是点,也可以是这两个轮廓均为点。单一 3D 草图中可以包含所有草图实体(包括引导线和轮廓)。

① 使用中心线放样:可以生成一个使用一条变化的引导线作为中心线的放样。所有中间截面的草图基准面都与此中心线垂直。中心线可以是绘制的曲线、模型边线或曲线,且曲线必须与每个闭环轮廓的内部区域和所有分割线面相交。

② 使用引导线和空间轮廓放样:通过使用两个或两个以上轮廓并使用一条或多条引导线来连接轮廓,可以生成引导线放样。轮廓可以是平面轮廓或空间轮廓,引导线与该

空间上的边线或顶点之间要添加穿透几何关系,或者引导线和轮廓顶点或用户定义草图点之间要添加重合几何关系。引导线可以控制所生成放样特征的中间轮廓。

③ 带开始和结束约束的放样:当使用引导线时,可通过在 PropertyManager 中的"起始/结束约束"下从"开始约束"和"结束约束"中选择相切类型来控制草图、面或曲面边线之间的相切量和放样方向。当选择引导相切类型下的"与面相切"放样时,可使相邻面在所选开始或结束轮廓处相切。

对于实体放样,第一个和最后一个轮廓必须是由分割线生成的模型面或面、平面轮廓或曲面。

2. 螺旋线和涡状线

可在零件中生成螺旋线和涡状线曲线,并可将此曲线作为一条路径或引导曲线使用在建立扫描特征或放样特征上。

(1) PropertyManager 定义方式

① 螺距和圈数。生成由螺距和圈数所定义的螺旋线。
② 高度和圈数。生成由高度和圈数所定义的螺旋线。
③ 高度和螺距。生成由高度和螺距所定义的螺旋线。
④ 涡状线。生成由螺距和圈数所定义的涡状线。

(2) PropertyManager 定义参数

① 恒定螺距。在螺旋线中生成恒定螺距。
② 可变螺距。根据用户所指定的区域参数生成可变的螺距。
③ 区域参数(仅对于可变螺距)。为可变螺距螺旋线设定圈数(Rev)或高度(H)、直径(Dia)及螺距率(P)。
④ 高度(仅限螺旋线)。设定高度。
⑤ 螺距。为每个螺距设定半径更改比率。
⑥ 圈数。设定旋转数。
⑦ 反向。将螺旋线从原点处往后延伸,或生成一向内涡状线。
⑧ 开始角度。设定在绘制的圆上在什么地方开始初始旋转。
⑨ 顺时针。设定旋转方向为顺时针。
⑩ 逆时针。设定旋转方向为逆时针。

(3) 锥形螺纹线

① 锥形螺纹线。生成锥形螺纹线。
② 锥度角度。设定锥度角度。
③ 锥度外张。将螺纹线锥度外张。

二、任务内容

建立如图 2-37 所示的行星齿轮零件。
通过本任务的练习,可以掌握以下知识和操作技能。
① 旋转特征的建立。
② 放样特征的建立。

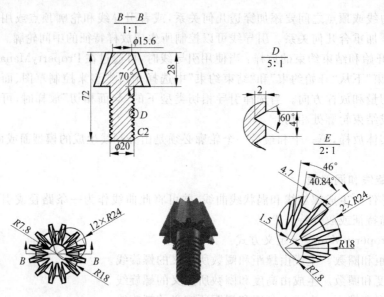

图 2-37 行星齿轮零件

③ 倒角特征的建立。
④ 螺纹扫描特征的建立。
⑤ 孔特征的建立。

三、思路分析

如图 2-37 所示行星齿轮零件的设计意图如下：此零件可分别选用旋转特征、放样特征、倒角特征、扫描特征及拉伸特征，采用制造去除法建模，如图 2-38 所示。

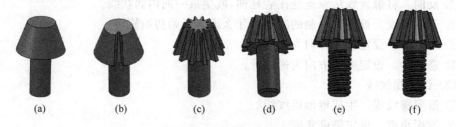

图 2-38 行星齿轮零件设计意图
(a) 建立旋转基体；(b) 建立放样切除；(c) 圆周阵列放样；
(d) 建立倒角；(e) 建立扫描切除；(f) 建立拉伸切除

四、操作步骤

(1) 建立如图 2-39 所示的旋转基体。
① 进入 SolidWorks 2009 系统，单击 新建 图标，开启一个新的零件文档窗口。

② 单击 FeatureManager 设计树中的 ⊗ 前视基准面 按钮，再单击视图定向图标 ↓ 后单击 ⊘ 草图绘制 图标，绘制草图 1，如图 2-40 所示。

图 2-39　建立旋转基体

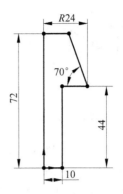

图 2-40　绘制草图 1(三)

③ 完成草图 1 绘制后关闭草图绘制命令，单击建立实体特征工具条中的 ⊕ 旋转凸台/基体 图标，系统将在 PropertyManager 中弹出基体旋转特征对话框。如图 2-41 所示，在基体旋转特征对话框的旋转参数 ╲ 中选择旋转轴"直线 1"，在 ⊙ 列表框中选择"单向"，在 ⊿ 文本框中输入旋转角度，单击 ✔ 按钮，完成旋转基体的建立。

(2) 在旋转基体上建立如图 2-42 所示的放样切除特征。

图 2-41　基体旋转特征对话框

图 2-42　建立放样切除特征

① 单击基体圆台上表面，再单击视图定向图标 ↓ 后单击 ⊘ 草图绘制 图标，绘制草图 2，如图 2-43 所示。

② 单击基体圆台下表面，再单击视图定向图标 ↓ 后单击 ⊘ 草图绘制 图标，绘制草图 3，如图 2-44 所示。

③ 完成草图 2、草图 3 绘制后，单击 FeatureManager 设计树中的 ⊗ 右视基准面 按钮，再单击视图定向图标 ↓ 后单击 ⊘ 草图绘制 图标，绘制草图 4。绘制时定义直线与草图 2 和草图 3 的圆弧线穿透，如图 2-45 所示。

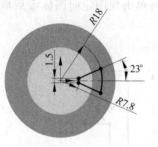
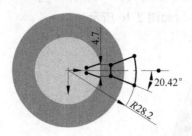
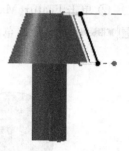

图 2-43　绘制草图 2（三）　　　图 2-44　绘制草图 3（三）　　　图 2-45　绘制草图 4（二）

④ 完成草图 4 绘制后关闭草图绘制命令，单击建立实体特征工具条中的 放样切割 图标，系统将在 PropertyManager 中弹出基体切除-放样特征对话框。在此对话框中依次在 "轮廓"中选入"草图 2"与"草图 3"，在"引导线"中选入"草图 4"，其他选项的设置如图 2-46 所示，单击 按钮，完成放样切除特征的建立。

（3）建立如图 2-47 所示的圆周阵列特征。

① 单击参考几何体工具条中的 基准轴 图标，系统将在 PropertyManager 中弹出基准轴特征对话框。单击圆锥柱面，如图 2-48 所示，单击 按钮，完成基准轴的建立。

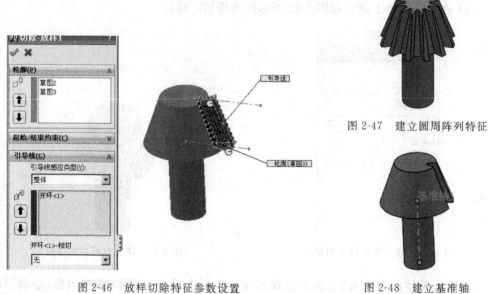

图 2-46　放样切除特征参数设置　　　　　　　图 2-48　建立基准轴

② 单击基准轴，再单击建立实体特征工具条中的 圆周阵列 图标，系统将在 PropertyManager 中弹出圆周阵列特征对话框。在圆周阵列特征对话框的"要阵列的特征"中单击放样切除特征，在 文本框中输入 360，在 文本框中输入 12，然后勾选 等间距 复选框，如图 2-49 所示，单击 按钮，完成放样切除特征圆周阵列的建立。

（4）在旋转基体上建立如图 2-50 所示的倒角特征。

项目二 实体特征的建立

图 2-49　建立放样切除特征圆周阵列　　　　图 2-50　建立倒角特征

单击旋转基体下表面边线,再单击建立实体特征工具条中的  倒角 图标,系统将在 PropertyManager 中弹出倒角特征对话框。在倒角特征对话框中选中 角度距离(A) 单选按钮,并在 文本框中输入 2mm,在 文本框中输入 45,如图 2-51 所示,单击 按钮,完成倒角特征的建立。

(5) 建立如图 2-52 所示的扫描切除特征。

① 单击旋转基体下表面,再单击视图定向图标 后单击 草图绘制 图标,绘制草图 5,如图 2-53 所示。

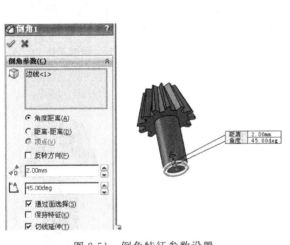

图 2-52　建立扫描切除特征(二)

图 2-51　倒角特征参数设置　　　　　　　图 2-53　绘制草图 5(二)

② 单击草图 5,再选择"插入"→"曲线"→"螺旋线/涡状线"命令,系统将在 PropertyManager 中弹出螺旋线特征对话框。在螺旋线特征对话框中的"定义方式"下选择 高度和螺距 图标,在"参数"中选中 恒定螺距(C) 单选按钮,并输入"高度"36mm、"螺距"4mm、"起始角度"30,选中 顺时针(C) 单选按钮,如图 2-54 所示,单击 按钮,完成螺旋线的建立。

③ 单击参考几何体工具条中的 基准面 图标,系统将在 PropertyManager 中弹出基准面特征对话框。单击螺旋线起点、草图 5,选择 垂直于曲线(N) 图标,如图 2-55 所示,单击 按钮,完成基准面的建立。

图 2-54　建立螺旋线

图 2-55　建立基准面

④ 单击新建的基准面，再单击视图定向图标后单击草图绘制图标，绘制草图6，如图2-56所示。

⑤ 单击建立实体特征工具条中的扫描切除图标，系统在PropertyManager中弹出基体切除-扫描特征对话框。在切除-扫描特征对话框中依次在扫描截面与扫描路径中选入"草图6"与"螺旋线/涡状线1"，其他选项的设置如图2-57所示，单击按钮，完成扫描切除特征的建立。

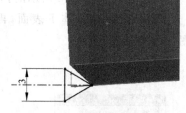
图 2-56　绘制草图6(二)

图 2-57　切除-扫描特征参数设置

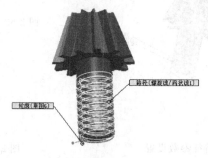

图 2-58　建立拉伸切除特征

(6) 建立如图2-58所示的拉伸切除特征。

① 单击扫描切除特征的上端面，再单击视图定向图标后单击草图绘制图标，绘制草图7，如图2-59所示。

② 完成草图7绘制后关闭草图绘制命令，单击建立实体特征工具条中的拉伸切除图标，系统将在PropertyManager中弹出基体拉伸特征对话框。如图2-60所示，在此对话框中选取从"草图基准面"开始拉伸，选取"方向1"为"给定深度"，在文本框中输入零件

拉伸高度值10mm,单击 ✔ 按钮,完成拉伸切除特征的建立。

图2-59　绘制草图7　　　　　　图2-60　拉伸切除特征参数设置

（7）保存零件。

五、知识扩展

1. 重新安排特征的顺序

SolidWorks支持多种特征拖动操作：重新排序、移动及复制。只要父特征位于其子特征之前,重新排序的操作才有效。

在FeatureManager设计树中,用鼠标拖放特征到新的位置,可以改变特征重建的顺序。此时,零件结构也将发生改变。当拖动鼠标时,所经过的项目会高亮显示,当释放指针时,所移动的特征名称直接放置在当前高亮显示项之下。如果重排特征顺序操作是合法的,将会出现指针↵;否则出现指针⊘。

2. 查看或重复最近的命令

命令历史记录中提供了上10个已用到的独特命令。最近的命令列在清单的顶部,命令在清单中不重复。查看或重复最近的命令的操作如下。

① 右击图形区域,然后选择"最近的命令(R)"命令。

② 从清单中选择一个命令。

3. 孔特征

若要在模型上生成各种类型的孔特征（钻孔）,除了使用旋转切除特征和拉伸切除特征外,可以通过建立简单直孔或异型孔向导孔特征来实现。

建议：最好在设计阶段将近结束时生成孔,这样可以避免因疏忽而将材料添加到已建立的孔内。

（1）简单直孔：生成不需要其他参数的简单的直孔。生成简单直孔的操作如下。

① 选择要生成孔的平面。

② 单击简单直孔图标 ▣,或选择"插入"→"特征"→"钻孔"→"简单直孔"命令。

③ 在PropertyManager中设定选项。

④ 单击 ✔ 按钮,生成简单直孔。

（2）异型孔向导孔：生成具有复杂轮廓的孔,如柱形沉头孔、锥孔、螺纹孔、管螺纹孔或旧制孔。生成异型孔向导孔的操作如下。

① 生成零件并选择一个平面。

② 单击特征工具栏上的异形孔向导图标🔲，或选择"插入"→"特征"→"钻孔"→"向导"命令。

③ 在 PropertyManager 中设定选项。

④ 单击✔按钮。

一般可使用异形孔向导生成基准面上的孔，在平面和非平面上生成孔，以及在平面上生成一个与特征成一角度的孔。当使用异形孔向导生成一孔时，孔的类型和大小出现在 FeatureManager 设计树中。

注意：使用异形孔向导时要注意面的预选择和后选择。

① 若预选一个平面，再单击特征工具栏上的异形孔向导图标🔲时，所产生的草图为 2D 草图。

② 若先单击异形孔向导图标🔲，再选择一个平面或非平面，所产生的草图为 3D 草图。3D 草图与 2D 草图不一样，不能被约束到直线，但可以约束到面。

（3）孔定位：一般在平面上先放置孔并设定深度，再通过标注尺寸来指定孔的位置。孔定位的操作如下。

① 在模型或 FeatureManager 设计树中，右击孔特征并选择"编辑草图"命令。

② 添加尺寸以定义孔的位置，或在草图中修改孔的直径。

③ 退出草图或单击重建图标🔲。

如要改变孔的直径、深度或类型，先在模型或 FeatureManager 设计树中右击孔特征后选择"编辑特征"命令，然后在 PropertyManager 中进行必要的更改，最后单击"确定"按钮。

4．设计螺杆零件

设计如图 2-61 所示的螺杆零件。

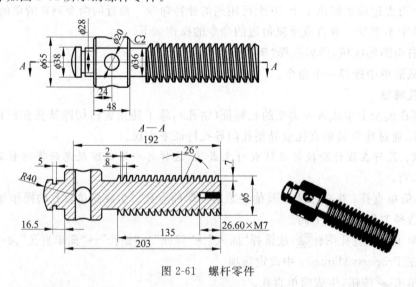

图 2-61　螺杆零件

如图 2-61 所示的螺杆零件的设计意图如下：此零件可分别选用旋转特征、倒角特征、扫描切除特征及拉伸切除特征，采用制造去除法建模，如表 2-3 所示。

表 2-3 螺杆零件的设计意图

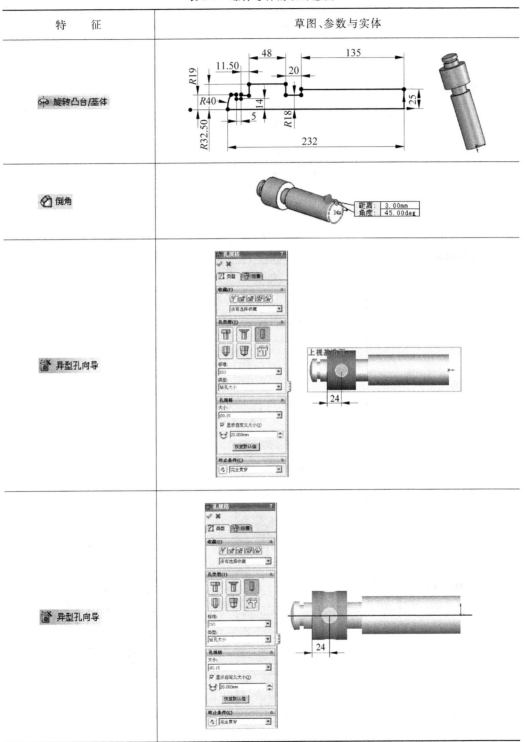

续表

特 征	草图、参数与实体
螺旋线/涡状线 (H)	
扫描切除	
倒角	
异型孔向导	

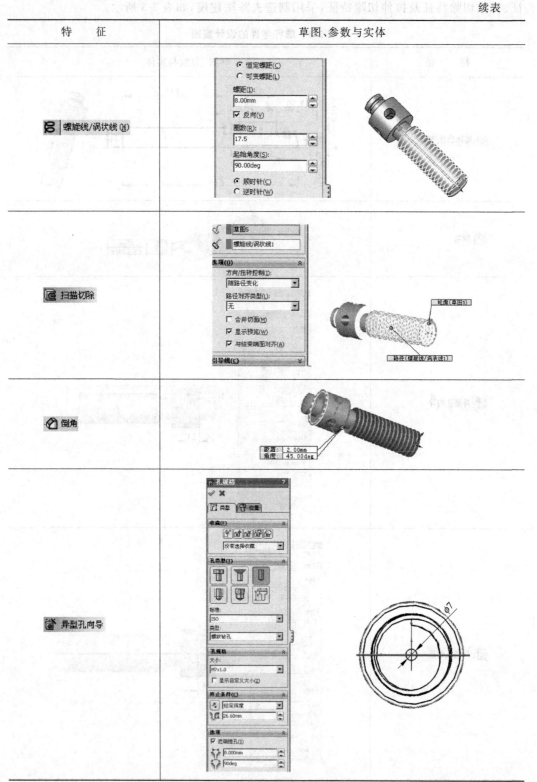

项目二 实体特征的建立

续表

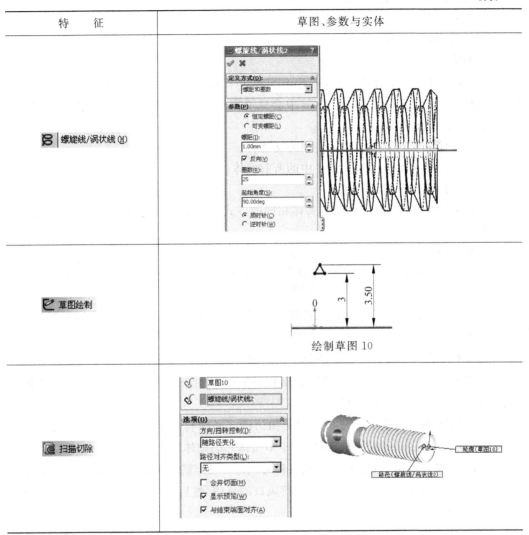

任务四 门铃面盖零件设计

一、知识与技能准备

1. 多实体零件

零件文件可包含多个实体。例如,当设计辐条轮时,知道轮缘和轮轴的要求而不知道如何设计辐条,这时可使用多实体零件先生成轮缘和轮轴,然后生成连接实体的辐条。可采用下列命令由单一特征生成多实体。

① 拉伸凸台和切除(包括薄壁特征)。

② 旋转凸台和切除(包括薄壁特征)。

③ 扫描凸台和切除(包括薄壁特征)。
④ 曲面切除。
⑤ 凸台和切除加厚。
⑥ 型腔。

当单个零件文件中有实体时,FeatureManager 设计树中会出现一个名为"实体"的文件夹(　)。"实体"文件夹旁边的括号中会显示零件文件中的实体数。一般可使用以下方法来组织和管理实体。

① 将实体分组到"实体"文件夹中的文件夹。
② "选择"命令可应用到文件夹中的所有实体。
③ 列举属于每个实体的特征。

操作多实体可采用与操作单一实体相同的方式。例如,可添加和修改特征,并更改每个实体的名称和颜色。

2. 扣合特征

扣合特征简化了为塑料和钣金零件生成共同特征的过程。生成扣合特征的操作如下。

(1) 单击扣合特征工具图标(扣合特征工具栏),或选择"插入"→"扣合特征"命令,然后选择扣合特征的类型。

① ■ 装配凸台　生成各种装配凸台。设定翅片数并选择孔或销钉。

② ■ 弹簧扣　当选择扣合特征时,会出现弹簧扣 PropertyManager,通过弹簧扣选择、弹簧扣数据设置来建立弹簧扣特征。

③ ■ 弹簧扣凹槽　自定义弹簧扣和弹簧扣凹槽。必须首先生成弹簧扣,然后才能生成弹簧扣凹槽特征。弹簧扣凹槽特征应用于多实体和装配体零件中。

④ ■ 通风口　使用生成的草图生成各种通风口。设定筋和翼梁数,自动计算流动区域。建立通风口特征必须首先生成要生成的通风口的草图,然后才能在 PropertyManager 中设定通风口选项。

⑤ ■ 唇缘/凹槽　创建唇缘和凹槽扣合特征以对齐、配合和扣合两个零件。唇缘和凹槽特征应用于多实体和装配体。

(2) 设定 PropertyManager 选项。

(3) 单击 ✓ 按钮。

3. 抽壳特征

抽壳工具可以生成一闭合、掏空零件,或使选择的面敞开并在剩余的面上生成零件的薄壁特征。也可使用多个厚度来抽壳模型,生成的不同面具有不同厚度的抽壳特征。

注意: 应在生成抽壳特征之前对零件应用任何圆角处理。

生成一个统一厚度的抽壳特征的操作如下。

(1) 单击特征工具栏上的 ■ 抽壳 图标,或选择"插入"→"特征"→"抽壳"命令。

(2) 在 PropertyManager 中,设置参数如下。

① ■ 设定厚度: 设定保留面的厚度。

② ⬚ 要移除的面：在图形区域中选择一个或多个敞开面。

当抽壳多体零件时，实体框 ⬚ 出现。在选取要移除的面后，实体框将消失。

③ 勾选"壳厚朝外"复选框来增加零件的外部尺寸。

④ 勾选"显示预览"复选框来预览抽壳特征。

(3) 单击 ✓ 按钮。

生成不同面具有不同厚度的抽壳特征的操作如下。

(1) 单击特征工具栏上的 ⬚抽壳 图标，或选择"插入"→"特征"→"抽壳"命令。

(2) 在 PropertyManager 中，参数设置如下。

① ⬚ 设定厚度：设定保留的所有面的厚度。

② ⬚ 要移除的面：在图形区域中选择一个或多个敞开面（若生成掏空零件，不要移除任何面）。

(3) 多厚度设定。

① 在多厚度面 ⬚ 列表框中单击，然后在图形区域中选择想设定的与参数设置厚度 ⬚ 文本框中不同厚度的面。

② 在"多厚度设定"下的 ⬚ 文本框中设定所选面的厚度。

③ 重复步骤①、②，设置所有不同厚度的面。

(4) 单击 ✓ 按钮。

4．建立拔模特征

拔模以指定的角度斜削模型中所选的面。其应用之一：可使模具零件更容易脱出模具。可在拉伸特征时进行拔模（在基体、凸台或切除的拉伸特征中添加拔模角），或者在现有的零件上插入拔模。

拔模可应用到实体或曲面模型。拔模类型有：中性面（可手工或通过使用 DraftXpert 来生成中性面拔模）、分型线、阶梯拔模。

给模型面拔模的操作如下。

(1) 单击特征工具栏上的 ⬚拔模 图标，或者选择"插入"→"特征"→"拔模"命令。

(2) 在 PropertyManager 中设定选项。

① 手工。使用该 PropertyManager 在特征层次保持控制。

② DraftXpert（只对于中性面拔模）。若要 SolidWorks 软件管理内在特征的结构时，使用该 PropertyManager。

(3) 单击 ✓ 按钮。

可以使用拔模分析工具来检查拔模正确应用到零件面上的情况。利用拔模分析工具，可核实拔模角度，检查面内的角度变更，以及找出零件的分型线、浇注面和出坯面。

5．删除面

在建立曲面圆角或建立零件实体桥接后，都会形成一些小碎面。为了去除质量不好的收敛面，可单击曲面工具栏上的 ⬚删除面 工具图标，在删除面 PropertyManager 中执行以下操作。

① 删除。从曲面实体删除面，或从实体中删除一个或多个面来生成曲面，使面消失。

② 删除和修补。从曲面实体或实体中删除一个面,并自动对实体进行修补和剪裁,使相邻面延伸并生成一个完整的曲面。

③ 删除和填充。删除面并生成单一面,将任何缝隙填补起来。

二、任务内容

建立如图 2-62 所示的门铃面盖零件。

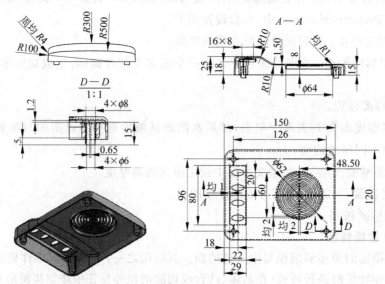

图 2-62 门铃面盖零件图

通过本任务的练习,可以掌握以下知识和操作技能:
① 多实体零件拉伸特征的建立。
② 多实体零件放样特征的建立(桥接)。
③ 拔模特征的建立。
④ 删除面特征的建立。
⑤ 抽壳特征的建立。
⑥ 扣合特征中的抽风口特征、装配凸台特征的建立。
⑦ 特征的阵列与镜像特征的建立。
⑧ 拉伸特征与圆角特征的建立。

三、思路分析

如图 2-62 所示门铃面盖零件的设计意图如下:此零件可依次选用多实体零件拉伸特征、放样特征及拔模特征、圆角特征、删除面特征、抽壳特征、通风口特征、装配凸台特征、阵列及镜像特征、拉伸特征及圆角特征、拉伸切除及阵列特征,采用叠加组合法建模,如图 2-63 所示。

项目二 实体特征的建立 63

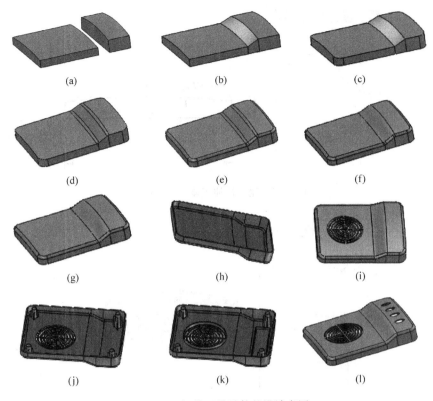

图 2-63 门铃面盖零件的设计意图

(a) 多实体零件拉伸特征；(b) 放样特征及拔模特征；(c)、(d)、(e) 圆角特征；(f)、(g) 删除面特征；
(h) 抽壳特征；(i) 通风口特征；(j) 装配凸台特征、阵列及镜像特征；
(k) 拉伸特征及圆角特征；(l) 拉伸特征及阵列特征

四、操作步骤

（1）建立如图 2-64 所示的多实体零件拉伸特征。

① 进入 SolidWorks 2009 系统，单击 新建 图标，开启一个新的零件文档窗口。

② 单击建立实体特征工具条中的 基体-拉伸 图标，单击 FeatureManager 设计树中的 右视基准面 按钮，再单击视图定向图标 后绘制草图 1。关闭草图绘制命令，移动鼠标，在 PropertyManager 中的拉伸特征对话框中选取从"草图基准面"开始拉伸，选取"方向 1"为"给定深度"，在 文本框中输入零件拉伸高度值 97mm，如图 2-65 所示。单击 按钮，完成拉伸实体 1 的建立。

图 2-64 建立多实体零件拉伸特征

③ 单击参考几何体工具条中的 基准面 图标，系统将在 PropertyManager 中弹出基准面特征对话框。单击拉伸实体 1 右端面，如图 2-66 所示，单击 按钮，完成基准面 1 的建立。

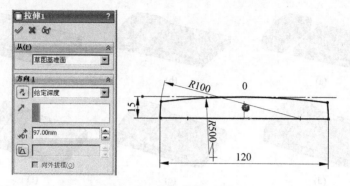

图 2-65　建立拉伸实体 1 参数设置

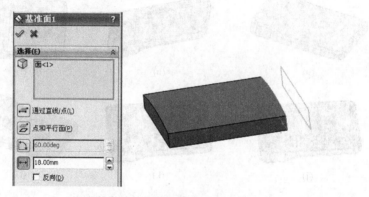

图 2-66　建立基准面 1

④ 单击建立实体特征工具条中的 基体-拉伸 图标,单击 FeatureManager 设计树中的 基准面1 按钮,再单击视图定向图标 后绘制草图 2。关闭草图绘制命令,移动鼠标在 PropertyManager 中的拉伸特征对话框中选取从"草图基准面"开始拉伸,选取"方向 1"为"给定深度",在 文本框中输入零件拉伸高度值 35mm,如图 2-67 所示。单击 按钮,完成拉伸实体 2 的建立。

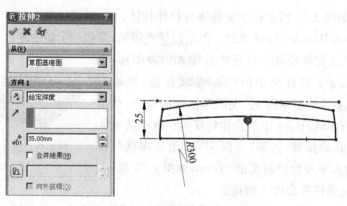

图 2-67　建立拉伸实体 2 参数设置

(2) 建立如图 2-68 所示的多实体零件桥接特征(放样)。

单击建立实体特征工具条中的 放样凸台/基体 图标,移动鼠标在 PropertyManager 的放样特征对话框的 列表框中分别选入两个拉伸实体的两个面,如图 2-69 所示。单击 √ 按钮,完成多实体零件的放样特征建立。

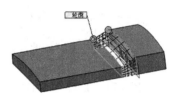

图 2-68 建立多实体零件桥接特征　　　　图 2-69 建立放样特征(一)

(3) 拔模特征的建立。

单击建立实体特征工具条中的 拔模 图标,移动鼠标在 PropertyManager 的拔模特征对话框的"拔模类型"中选中 中性面(E) 单选按钮,在"中性面"中选入零件实体的底面,在"拔模面"列表框中选入零件实体的两个端面,在 文本框中输入 1,如图 2-70 所示。单击 √ 按钮,完成拔模特征建立。

图 2-70 建立拔模特征

(4) 建立如图 2-71 所示的零件圆角 1 特征。

单击建立实体特征工具条中的 圆角 图标,移动鼠标在 PropertyManager 的圆角特征对话框中的"圆角项目" 文本框中输入 12mm,在 列表框中选入零件实体边界,其余选项的设置如图 2-72 所示。单击 √ 按钮,完成圆角 1 的建立。

(5) 建立如图 2-73 所示的零件圆角 2 特征。

单击建立实体特征工具条中的 圆角 图标,移动鼠标在 PropertyManager 的圆角特征对话框中的"圆角项目" 文本框中输入 10mm,在 列表框中选入零件实体边界,其余选项的设置如图 2-74 所示。单击 √ 按钮,完成圆角 2 的建立。

SolidWorks 项目式应用教程

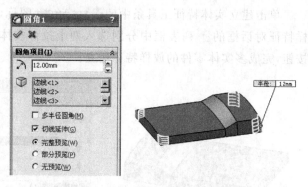

图 2-71 建立圆角 1 特征　　　　图 2-72 建立圆角 1 特征参数设置

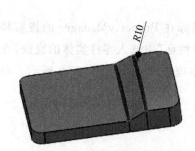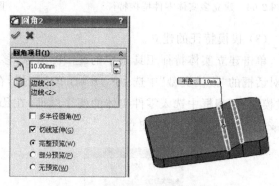

图 2-73 建立圆角 2 特征　　　　图 2-74 建立圆角 2 特征参数设置

（6）建立如图 2-75 所示的零件圆角 3 特征。

单击建立实体特征工具条中的 圆角 图标，移动鼠标在 PropertyManager 的圆角特征对话框中的"圆角项目" 文本框中输入 4mm，在 列表框中选入零件实体边界，其余选项的设置如图 2-76 所示。单击 按钮，完成圆角 3 的建立。

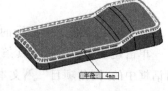

图 2-75 建立圆角 3 特征　　　　图 2-76 建立圆角 3 特征参数设置

（7）建立如图 2-77 所示的删除面 1 特征。

单击建立曲面特征工具条中的 删除面 图标，移动鼠标在 PropertyManager 的删除面特征对话框的"选项"中选中 删除并填补 单选按钮，在 列表框中选入零件上要删除并填

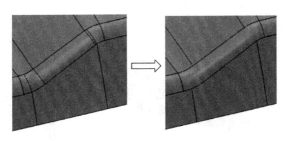

图 2-77 建立删除面 1 特征

补的面,如图 2-78 所示。单击 ✓ 按钮,完成删除面 1 特征的建立。

(8) 建立如图 2-79 所示的删除面 2 特征。

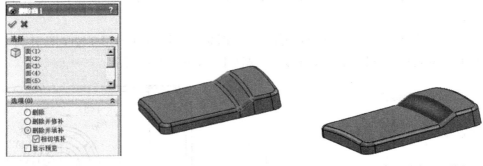

图 2-78 建立删除面 1 特征参数设置　　图 2-79 建立删除面 2 特征

单击建立曲面特征工具条中的 ⊗ 删除面 图标,移动鼠标在 PropertyManager 的删除面特征对话框的"选项"中选中 ⊙ 删除并填补 单选按钮,在 ⊙ 列表框中选入零件上要删除并填补的面,如图 2-80 所示。单击 ✓ 按钮,完成删除面 2 特征的建立。

(9) 建立如图 2-81 所示的抽壳特征。

图 2-80 建立删除面 2 特征参数设置　　图 2-81 建立抽壳特征

单击建立实体特征工具条中的 抽壳 图标,移动鼠标在 PropertyManager 的抽壳特征对话框的"参数选项" 文本框中输入 1.5mm,在 列表框中选入零件上要移除的面,如图 2-82 所示。单击 ✓ 按钮,完成抽壳特征的建立。

(10) 建立如图 2-83 所示的通风口特征。

 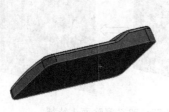 

图 2-82　建立抽壳特征参数设置　　　　　图 2-83　建立通风口特征

① 单击参考几何体工具条中的 ◇ 基准面 图标,系统将在 PropertyManager 中弹出基准面特征对话框。单击 ◇ 上视基准面 图标,如图 2-84 所示,单击 ✓ 按钮,完成基准面 2 的建立。

② 单击建立草图工具条中的 ℓ 草图绘制 图标,单击 FeatureManager 设计树中的 ◇ 基准面2 图标,再单击视图定向图标 ⊥ 后绘制草图 3,如图 2-85 所示。

  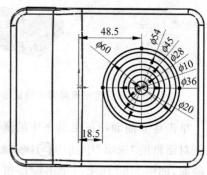

图 2-84　建立基准面 2　　　　　　　　　图 2-85　绘制草图 3(四)

③ 单击建立扣合特征工具条中的 ▦ 通风口 图标,移动鼠标在 PropertyManager 的通风口特征对话框的"参数选项" √₀₁ 文本框中输入 1.5mm,在 ▢ 列表框中选入零件上要移除的面,如图 2-86 所示。单击 ✓ 按钮,完成抽壳特征的建立。

(11) 建立如图 2-87 所示的装配凸台特征、装配凸台特征的阵列与镜像。

① 单击建立草图工具条中的 ℓ 草图绘制 图标,单击 FeatureManager 设计树中的 ◇ 上视基准面 图标,再单击视图定向图标 ⊥ 后绘制草图 4,如图 2-88 所示。

② 单击建立扣合特征工具条中的 ▦ 装配凸台 图标,单击零件内表面放置凸台处,并在 PropertyManager 的装配凸台特征对话框的"定位选项" ◉ 中选入草图 4,在 ▧ 中选入上视基准面,在"翅片"的 ▧ 中选入前视基准面,凸台其他参数设置如图 2-89 所示。单击 ✓ 按钮,完成装配凸台特征的建立。

③ 单击建立实体特征工具条中的 ▦ 线性阵列 图标,系统将在 PropertyManager 中弹出线性阵列特征对话框。在线性阵列特征对话框的"要阵列的特征" ▦ 列表框中单击装配凸台特征,在 ▧ 中选入阵列方向边线,在 √₀₁ 文本框中输入阵列间距 96mm,在 ∴ 文本框中

图 2-86　建立通风口特征参数设置

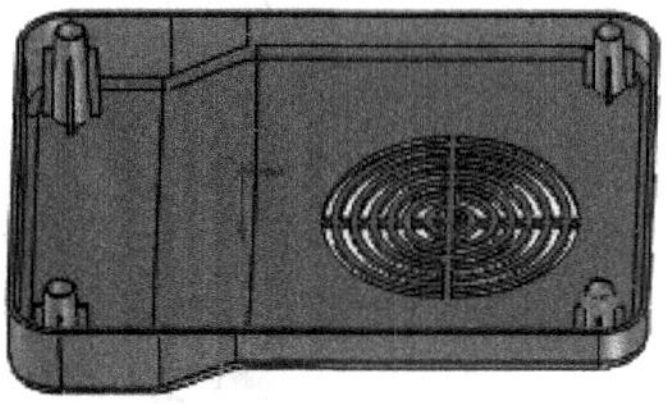

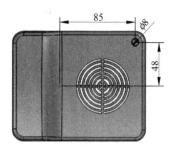

图 2-87　建立装配凸台特征、特征的阵列与镜像

图 2-88　绘制草图 4(三)

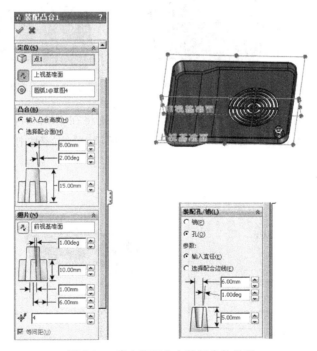

图 2-89　建立装配凸台特征参数设置

输入要阵列的特征个数 2,如图 2-90 所示。单击 ✓ 按钮,完成装配凸台特征线性阵列的建立。

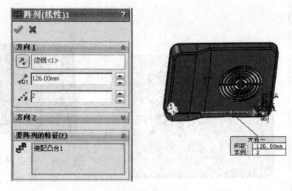

图 2-90　建立装配凸台特征线性阵列参数设置

④ 单击建立实体特征工具条中的 镜向 图标，系统将在 PropertyManager 中弹出镜像特征对话框。在镜像特征对话框的"要镜像的特征" 列表框中单击装配凸台阵列特征，在 中选入前视基准面，如图 2-91 所示。单击 按钮，完成镜像特征的建立。

（12）建立如图 2-92 所示的拉伸特征及圆角特征。

图 2-91　建立装配凸台镜像特征参数设置

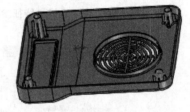

图 2-92　建立拉伸特征及圆角特征

① 单击参考几何体工具条中的 基准面 图标，系统将在 PropertyManager 中弹出基准面特征对话框。单击 上视基准面 图标，如图 2-93 所示，单击 按钮，完成基准面 3 的建立。

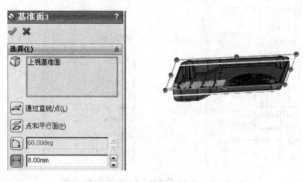

图 2-93　建立基准面 3

② 单击建立实体特征工具条中的 基体-拉伸 图标，单击 FeatureManager 设计树中的 基准面3 图标，再单击视图定向图标 后绘制草图 5。关闭草图绘制命令，移动鼠标在

PropertyManager 的拉伸特征对话框中选取从"草图基准面"开始拉伸,在"方向 1"的 列表框中选取成形到一面,在 列表框中选择零件内表面,如图 2-94 所示。单击 按钮,完成拉伸实体 3 的建立。

图 2-94　建立拉伸实体 3 参数设置

③ 单击参考几何体工具条中的 基准面 图标,系统将在 PropertyManager 中弹出基准面特征对话框。单击 上视基准面 图标,如图 2-95 所示,单击 按钮,完成基准面 4 的建立。

图 2-95　建立基准面 4

④ 单击建立实体特征工具条中的 基体-拉伸 图标,单击 FeatureManager 设计树中的 基准面4 图标,再单击视图定向图标 后绘制草图 6。关闭草图绘制命令,移动鼠标在 PropertyManager 的"拉伸"特征对话框中选取从"草图基准面"开始拉伸,在方向 1 的 下拉列表框中选取"成形到一面",在 列表框中选入零件内表面,如图 2-96 所示。单击 按钮,完成拉伸实体 4 的建立。

⑤ 单击建立实体特征工具条中的 圆角 图标,移动鼠标在 PropertyManager 的圆角特征对话框的"圆角项目" 文本框中输入 1mm,在 中选入零件实体 3、零件实体的装配凸台边界,如图 2-97 所示。单击 按钮,完成圆角 4 的建立。

(13) 建立如图 2-98 所示的拉伸切除特征及阵列特征。

① 单击建立实体特征工具条中的 拉伸切除 图标,单击 FeatureManager 设计树中的 上视基准面 图标,再单击视图定向图标 后绘制草图 7。关闭草图绘制命令,移动鼠标在

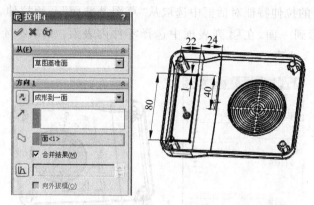

图 2-96　建立拉伸实体 4 参数设置

图 2-97　建立圆角 4 特征

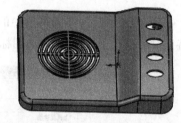

图 2-98　建立拉伸切除特征及阵列特征

PropertyManager 的拉伸特征对话框中选取从"草图基准面"开始拉伸,在"方向 1"的 列表框中选取"完全贯穿",如图 2-99 所示。单击 按钮,完成拉伸实体 5 的建立。

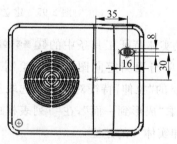

图 2-99　建立拉伸实体 5 参数设置

② 单击建立实体特征工具条中的 线性阵列 图标,系统将在 PropertyManager 中弹出线性阵列特征对话框。在线性阵列特征对话框的"要阵列的特征" 列表框中单击拉伸实体 5,在 中选入阵列方向边线,在 文本框中输入阵列间距 20mm,在 文本框中输入要阵列的特征个数 4,如图 2-100 所示,单击 按钮,完成门铃面盖零件的建立。

 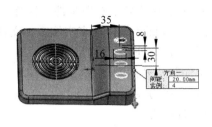

图 2-100　建立拉伸切除特征阵列参数设置

（14）保存零件。

五、知识扩展

1. 在多实体环境中使用的造型技术

（1）桥接

桥接是在多实体环境中经常使用的技术。桥接生成连接多个实体的实体。桥接的方法可以根据多个实体的连接方式，选用实体特征工具来建立。

（2）局部操作

若在多实体模型的某些部分进行操作，而在其他部分不进行操作时，可使用局部操作。

（3）对称造型

对称造型可简化轴对称零件的生成，并加速此类型零件的性能。在此设计方法中，制作一对称实体，阵列这些实体以获取其余的几何体，然后使用组合特征将所有实体组合在一起。

（4）实体交叉

实体交叉为以更少操作而生成复杂的零件的快速方法，从而可提高性能。其操作可接受相互重叠的多个实体，只留下实体的交叉体积。对于可由两个或三个工程视图完全表示的大部分模型，此技术可通过交叉两个或三个拉伸的实体而使用。拉伸草图为在两个或三个视图中所表示的实线。对于实体交叉多实体技术，可使用组合特征及其共同选项。

（5）工具实体造型

可使用工具实体造型生成复杂的多实体工具，以将材料从实体中移除，或将复杂的形状添加到几何体中。在单独零件文件中生成共同的几何形状实体，然后使用"插入"→"零件"命令来生成多实体零件文件。

2. 多实体与装配体

（1）多实体零件不应代替装配体的使用

要遵循的常规是一个零件（多实体与否）应代表材料明细表中的一个零件号。多实体零件由多个非动态实体所组成,若需要展示实体间的动态运动,则必须使用装配体。移动零部件、动态间隙及碰撞检查之类的工具只能在装配体文件中使用。

可将装配体保存为多实体零件文件。这样可将复杂的装配体保存为较小的零件文件,以方便共享。将装配体保存为多实体零件文件的操作如下。

① 打开一装配体文件。
② 选择"文件"→"另存为"命令。
③ 设定保存类型为零件(*.prt,*.sldprt)。
④ 选择以下选项之一。

- 外部面:以保存外部面为曲面实体 。
- 外部零部件:以保存可见零部件为实体 。
- 所有零部件:以保存所有零部件为实体 。
- 隐藏或压缩的零部件:在选择所有零部件时不会被保存。

⑤ 单击保存。

(2) 多实体零件中的配合

在多实体零件中,可以使用配合工具精确地放置实体。多实体零件支持以下配合:角度、重合、同轴心、距离、平行、垂直、相切。

若将零件插入现有零件文件中时,将自动使用插入的零件中的"配合参考引用"以放置插入的零件。使用 零件(A)… 图标插入零件时,在"零件 PropertyManager"中有一预览显示"配合参考引用"的应用。如果在"插入零件 PropertyManager"中勾选了 启动移动对话(M) 复选框,"找出零件 PropertyManager"将打开并已添加自动配合约束。

若实体已在零件中,可使用 移动/复制(V) 图标(特征工具栏)进行配合。

(3) 对同一实体应用多组配合

在不同组内指定的配合彼此可能会发生冲突。例如,可能在同一组的两个不同面之间应用垂直配合,而在另一个组的两个相同面之间应用平行配合。

(4) 一次选择若干个需要通过配合定位的实体

选定的实体作为单一的实体一起移动,未选定的实体将被视为固定实体。

3. 抽壳错误诊断

如果抽壳工具在抽壳模型时有问题,错误诊断部分将出现在 PropertyManager 中以帮助诊断问题,确定抽壳特征失败的原因。运行错误诊断的操作如下。

① 在错误诊断下。选择整个实体诊断模型中的所有区域并报告整个实体中的最小曲率半径,或选择失败面诊断整个实体并只确定抽壳失败面的最小曲率半径,还可以选择显示网格或显示曲率。

② 单击"检查实体/面运行诊断"工具。会在图形区域中显示结果,并使用标注来指明模型上需要纠正的特定区域。例如,抽壳特征可能因为某一点上的厚度相对于其中一个所选面太大而失败。会出现一条消息,显示最小曲率半径,并表明该点上的抽壳厚度太大。

③ 返回到抽壳特征。

4. 设计手轮

设计如图 2-101 所示的手轮。

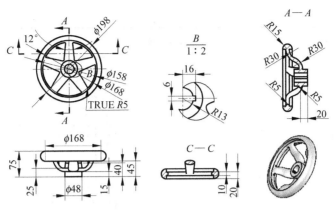

图 2-101 手轮零件图

如图 2-101 所示手轮零件的设计意图如下：此零件可分别选用多实体零件旋转特征、放样特征及圆角特征，采用制造去除法建模，如表 2-4 所示。

表 2-4 手轮零件的设计意图

特　　征	草图或参数	实　　体
旋转凸台/基体		
旋转凸台/基体		
草图绘制	绘制放样引导线草图	

续表

特 征	草图或参数	实 体
草图绘制	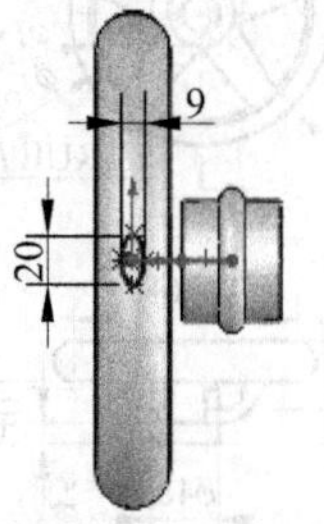 绘制放样截面草图（9，20）	
草图绘制	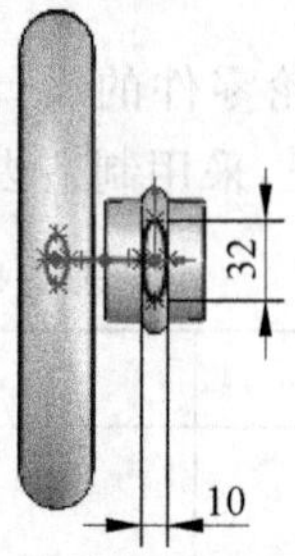 绘制放样截面草图（32，10）	
放样凸台/基体	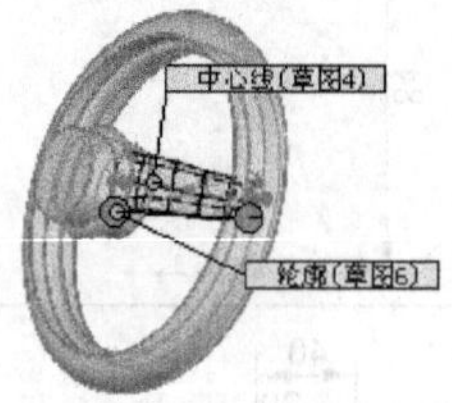 中心线(草图4)、轮廓(草图5)	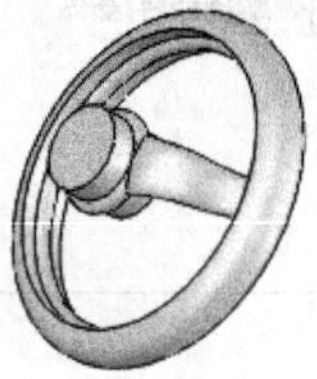
圆角	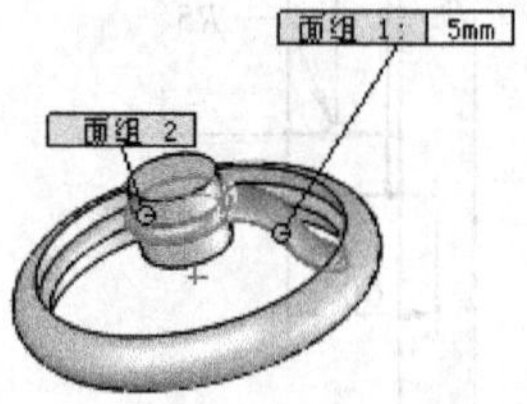 面组 1：5mm；面组 2	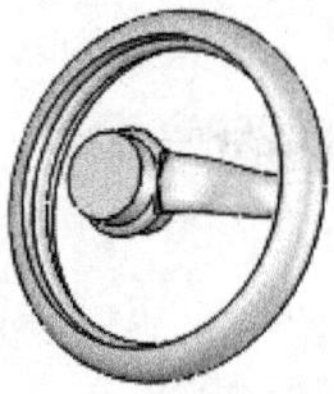
圆角	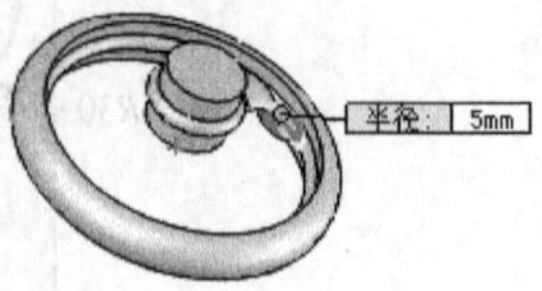 半径：5mm	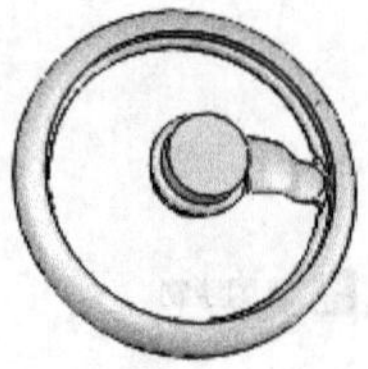

续表

特　征	草图或参数	实　体
圆周阵列		
拉伸切除		

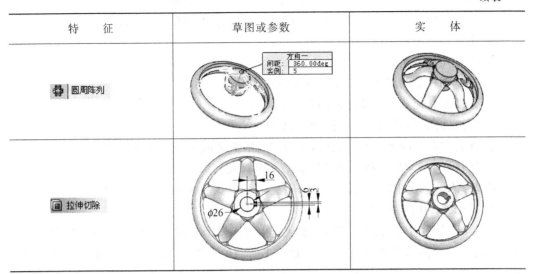

任务五　足球的设计

一、知识与技能准备

1．3D草图绘制

可以在工作基准面上或在3D空间的任意点生成3D草图实体。绘制3D草图的方法如下。

① 单击 3D草图图标（草图工具栏），或选择"插入"→"3D草图"命令，在等轴测视图的前视基准面中打开一个3D草图。

② 选择一个基准面，然后单击 基准面上的3D草图图标（草图工具栏），或选择"插入"→"基准面上的3D草图"命令，在正视于视图中添加一个3D草图。

2．3D草图绘制的约束

在3D中绘制草图时，可以捕捉到主要方向（X、Y或Z），并且分别沿X、Y和Z应用约束。这些是对整体坐标系的约束。

在基准面上绘制草图时，可以捕捉到基准面的水平或垂直方向，并且约束将应用于水平和垂直。这些是对基准面、平面等的约束。

3．3D草图中的草图几何关系

2D草图中可用的许多几何关系都可用于3D草图。3D草图绘制中支持的额外草图几何关系包括如下几个。

① 通过曲面上一点的直线之间的垂直几何关系。

② 在一个草图基准面上生成的3D草图实体与在其他草图基准面上生成的3D草图实体之间的几何关系。

③ 绕同一基准面上生成的 3D 草图之间的对称几何关系。
④ 带样条曲线控标的几何关系，如沿轴上或控标之间的几何关系。
⑤ 中点几何关系。
⑥ 相等几何关系。
⑦ 在面和样条曲线之间的相切或相等曲率几何关系。
⑧ 圆弧和其他草图实体之间的几何关系。
⑨ 圆弧之间的几何关系，如同轴心、相切或相等。
⑩ 在直线和基准面之间，或在两个点和基准面之间应用的"正视于"。
⑪ 圆锥和 3D 草图直线之间的同轴心和垂直几何关系。

注意：在 3D 草图中，可沿整体 X 轴、整体 Y 轴或整体 Z 轴绘制实体。

4．坐标系-3D 草图绘制

生成 3D 草图时，在默认情况下，通常是相对于模型中默认的坐标系进行绘制。如要切换到另外两个默认基准面中的一个，请单击所需的草图绘制工具，然后按 Tab 键，当前的草图基准面的原点就会显示出来。也可使用 3D 草图基准面来生成 3D 草图。

① 如要改变 3D 草图的坐标系，请单击所需的草图绘制工具，按住 Ctrl 键，然后单击一个基准面、一个平面或一个用户定义的坐标系。

② 如果选择了一个基准面或平面，3D 草图基准面将旋转以使 XY 草图基准面与所选项目对正。

③ 如果选择了一个坐标系，3D 草图基准面将旋转以使 XY 草图基准面与该坐标系的 XY 基准面平行。

5．移动/复制实体

在多实体零件中，可移动、旋转并复制实体和曲面实体，或者使用配合工具将它们放置。移动、复制、旋转，或配合实体或曲面实体的操作如下。

（1）单击特征工具栏 移动/复制实体 图标，或者选择"插入"→"特征"→"移动/复制"命令。即会出现移动/复制实体 PropertyManager。该 PropertyManager 显示两个页面：平移/旋转和约束。

① 平移/旋转：以指定移动、复制或旋转实体的参数。
② 约束：在实体之间应用配合。

（2）单击 PropertyManager 底部的 平移/旋转(R) 或 约束(O) 按钮，以切换到需要的页面。

（3）按下面的说明在 PropertyManager 中设定选项。

若进入 平移/旋转(R) 页面，在要移动/复制的实体的 中选入图形区域中要移动、复制或旋转的实体。选定的实体作为单一的实体一起移动，未选定的实体将被视为固定实体。三重轴 出现在所选实体的质量中心。勾选 □ 复制(C) 复选框以复制实体，并为复制数 设定一数值。勾销 □ 复制(C) 复选框时移动而不复制实体。可以选择以下操作之一：

① 平移。
• 在 中选入图形区域中一边线来定义平移方向，并在 文本框中设定平移数值。输入一个负数来转换平移方向；或在 中选入图形区域中一顶点，在 中选入第

二个顶点定义的方向和距离。此时,移动的实体预览会出现。

- 设定 ▲X、▲Y 及 ▲Z 文本框中的数值以重新定位实体。
- 在图形区域中拖动三重轴箭头以重新定位实体。此时,▲X、▲Y 及 ▲Z 文本框中的数值动态更新。

② 旋转。

- 在 中选入图形区域中一边线来定义旋转方向,并在 文本框中设定旋转角度数值;或在 中选入图形区域中一顶点,并分别在 、 或 文本框中输入绕 X 旋转角度、绕 Y 旋转角度或绕 Z 旋转角度的数值。此时,旋转的实体预览会出现。
- 原点(实体旋转所绕的点)的坐标设定数值。默认值为所选实体的质量中心的坐标,其中 表示 X 旋转原点、 表示 Y 旋转原点、 表示 Z 旋转原点。三重轴在图形区域中移动到旋转原点的新位置。
- 右击并拖动三重轴的箭头以动态为 X 旋转角度 、Y 旋转角度 及 Z 旋转角度 更新数值。

若进入 约束(O) 页面,可设定以下选项。

① 选择要移动的实体。在 中选入图形区域中应用配合时移动的实体。选定的实体作为单一的实体一起移动,未选定的实体将被视为固定实体。

② 配合设定。先选择配合类型(重合(C)、 平行(P)、 垂直(P)、 相切(T)、 同心(N)、 10.00mm 距离、 30.00deg 角度),然后在 中选择要配合的两个实体(面、边线、基准面等),并确定配合对齐(同向对齐或 反向对齐)方式。

③ 添加。单击 添加(A) 按钮,选择配合类型并设定相关参数后添加配合。单击 撤消(U) 按钮,取消选择。

④ 配合。配合框包含配合组(在 PropertyManager 打开时添加的所有配合)中的所有实体。当配合框中有多个配合时,可以选择其中一个进行编辑。

⑤ 选项。显示预览。选择该选项后,在为有效配合选择了足够对象后便会出现配合预览。

注意:在多体零件中,可将多组配合应用到同一实体。在不同组内指定的配合彼此可能会发生冲突。例如,在同一组的两个不同面之间应用垂直配合,而在另一个组的两个相同面之间应用平行配合。

二、任务内容

设计一个如图 2-102 所示的标准足球。
通过本任务的练习,可以掌握以下知识和操作技能。
① 3D 草图绘制。
② 放样特征的建立。
③ 实体特征的镜像。
④ 实体特征的阵列。
⑤ 实体特征的旋转复制。

图 2-102 标准足球

三、思路分析

如图 2-102 所示足球的设计意图如下：足球可以由 12 个实体运用镜像、阵列、旋转复制工具绘制而成。其实体可依次选用放样特征、旋转切除特征与圆角特征，采用叠加组合法建模，如图 2-103 所示。

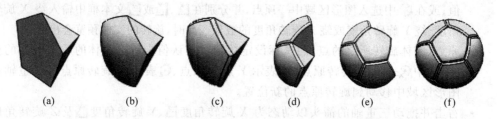

图 2-103　足球的设计意图

(a) 放样特征；(b) 旋转切除特征；(c) 圆角特征；(d) 镜像；(e) 阵列；(f) 旋转复制

四、操作步骤

（1）建立如图 2-104 所示的实体放样特征。

① 进入 SolidWorks 2009 系统，单击 [新建] 图标，开启一个新的零件文档窗口。

② 单击 FeatureManager 设计树中的 [前视基准面] 图标，再单击视图定向图标 后单击 [草图绘制] 图标，绘制草图 1，如图 2-105 所示。

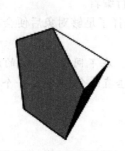

图 2-104　建立放样特征（二）

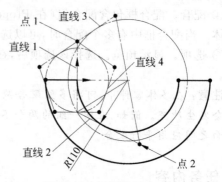

图 2-105　绘制草图 1（四）

注意：绘制草图 1 时，注意建立如下的约束关系，即直线 1 与直线 2 长相等、直线 3 与五边形边长相等、直线 3 与五边形内接圆相切、点 1 与点 2 相对于直线 4 对称。

③ 单击 FeatureManager 设计树中的 [右视基准面] 图标，再单击 [草图绘制] 图标，绘制草图 2，如图 2-106 所示。

④ 单击 [3D 草图] 图标，移动鼠标在草图 1 大圆的中点绘制一点，关闭草图绘制得到 3D 草图 1。

⑤ 单击建立实体特征工具条中的 [放样凸台/基体] 图标，移动鼠标在 PropertyManager 的

放样特征对话框的中分别选入草图 2、3D 草图 1,如图 2-107 所示。单击 按钮,完成放样特征建立。

图 2-106　绘制草图 2(四)　　　　　图 2-107　建立放样特征参数设置

(2) 建立如图 2-108 所示的实体旋转切除特征。

单击建立实体特征工具条中的 旋转切除 图标,移动鼠标,在 PropertyManager 的切除-旋转特征对话框的 中选入草图 1 中五边形与圆弧的中心连线作为旋转轴,选择旋转方向与旋转角度,如图 2-109 所示。单击 按钮,完成旋转切除特征的建立。

图 2-108　建立实体旋转切除特征　　　图 2-109　建立旋转切除特征参数设置

(3) 建立如图 2-110 所示的实体圆角特征。

单击建立实体特征工具条中的 圆角 图标,移动鼠标在 PropertyManager 的圆角特征对话框的"圆角项目" 文本框中输入 5mm,在 中选入零件球面,如图 2-111 所示。单击 按钮,完成圆角特征的建立。

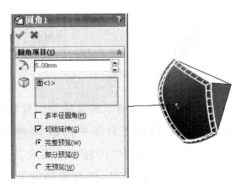

图 2-110　建立圆角特征(二)　　　　图 2-111　建立圆角特征参数设置

(4) 建立如图 2-112 所示的足球实体镜像特征。

单击建立实体特征工具条中的 ⬚ 镜像 图标,移动鼠标,在 PropertyManager 的镜像特征对话框的 ⬚ 中选入镜像面,在 ⬚ 列表框中选入零件实体,勾选 ☑ 合并实体(R) 复选框,如图 2-113 所示。单击 ✓ 按钮,完成实体镜像特征的建立。

图 2-112　建立实体镜像特征　　　　图 2-113　建立实体镜像特征参数设置

(5) 建立如图 2-114 所示的实体阵列特征。

单击建立实体特征工具条中的 ⬚ 圆周阵列 图标,移动鼠标在 PropertyManager 的阵列(圆周)特征对话框的 ⬚ 中选入旋转体轴线作为阵列基准轴,在 ⬚ 文本框中输入实体阵列圆周角,在 ⬚ 文本框中输入零件实体阵列数量,勾选 ☑ 等间距(E) 复选框,在 ⬚ 中选入要阵列的实体,如图 2-115 所示。单击 ✓ 按钮,完成实体阵列特征的建立。

  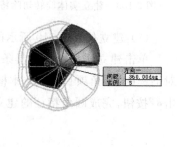

图 2-114　建立实体阵列特征　　　　图 2-115　建立实体阵列特征参数设置

(6) 建立如图 2-116 所示的实体旋转复制特征。

单击建立实体特征工具条中的 ⬚ 移动/复制实体 图标,移动鼠标在 PropertyManager 的实体-移动/复制特征对话框的 ⬚ 中选入要旋转复制的实体,勾选 ☑ 复制(C) 复选框,在 ⬚ 文本框中输入实体复制数量,选择旋转并在 ⬚ 中选入零件中心作为旋转原点,在 ⬚ 文本框中输入要旋转的角度 180,如图 2-117 所示。单击✔按钮,完成实体旋转复制特征的建立。

图 2-116　建立实体旋转复制特征　　　　图 2-117　建立实体旋转复制特征参数设置

(7) 组合实体。

用鼠标选取 PropertyManager 实体(10)中所有实体,如图 2-118 所示。单击建立实体特征工具条中的 组合 图标,并在 PropertyManager 的组合特征对话框中设置参数,如图 2-119 所示。单击✔按钮,完成实体组合。

(8) 保存零件。

图 2-118　组合实体的选择　　　　图 2-119　实体组合参数设置

五、知识扩展

1. 使用引导线和空间轮廓放样

通过使用两个或多个轮廓并使用一条或多条引导线来连接轮廓,可以生成引导线放样。轮廓可以是平面轮廓或空间轮廓。引导线可以控制放样所生成的中间轮廓。使用引导线和空间轮廓生成放样的操作如下。

(1) 使用分割线在模型面上生成一个空间轮廓或实体边界线。

(2) 分别绘制一条或多条引导线草图。

注意：使用引导线放样时，可以使用任意数量的引导线，但每条引导线必须与所有轮廓相交。引导线可以是绘制的曲线、实体边线或任意类型的曲线。引导线可以比放样体长，放样体终止于最短的引导线。

(3) 在引导线与该空间上的边线或顶点之间添加穿透几何关系。

(4) 绘制生成放样所需的其余轮廓。

(5) 在引导线及轮廓之间添加几何关系。例如，在引导线和轮廓上的顶点之间，用户定义的草图点之间，或两者之间的穿透几何关系；或在引导线和轮廓顶点或用户定义草图点之间的重合几何关系。

(6) 进行以下操作之一。

① 单击特征工具栏上的 放样凸台/基体 图标，或者选择"插入"→"凸台/基体"→"放样"命令。

② 单击特征工具栏上的 放样切割 图标，或者选择"插入"→"切除"→"放样"命令。

③ 单击曲面工具栏上的 放样曲面 图标，或者选择"插入"→"曲面"→"放样"命令。

(7) 在 PropertyManager 的 中选入要放样的轮廓，设定 PropertyManager 选项。例如，设置开始约束和结束约束。应用约束以控制开始和结束轮廓的相切。在 中选入引导线来控制放样。

(8) 单击 ✓ 按钮。

2. 设计按钮零件

设计如图 2-120 所示的按钮零件。

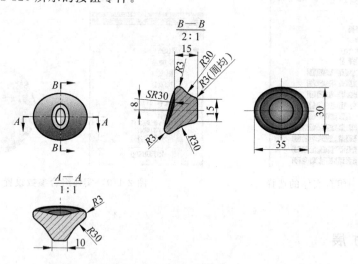

图 2-120　按钮零件图

如图 2-101 所示的按钮零件的设计意图如下：此零件可分别选用拉伸特征、旋转切除特征、放样特征及圆角特征，采用制造去除法建模，如表 2-5 所示。

表 2-5 按钮零件的设计意图

特　征	草图或参数	实　体
拉伸凸台/基体		
旋转切除		
圆角		
草图绘制		
草图绘制		
草图绘制		
草图绘制		

续表

特　征	草图或参数	实　体
草图绘制		
放样切割		
圆角		

练习题二

建立如图 2-121 所示零件的实体图。

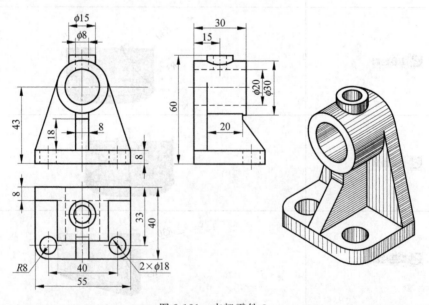

图 2-121　支架零件 3

项目三

曲面特征的建立

曲面是指相连的、零厚度的面实体,而曲线是指 3D 空间的线实体。通常,曲面包括单面曲面、多面曲面、缝合的曲面、圆角的曲面、剪裁和延伸的曲面、输入的曲面、平面曲面和中面,还包括由拉伸、旋转、放样、扫描、等距、延展或填充制作的曲面。一般,可在单一零件中拥有多个曲面。

在零件设计过程中,有时使用曲面或曲线特征建模,可以创建结构复杂的零件,使零件的设计变得简单。

知识与技能目标

理解曲面、曲线各特征指令的运用;掌握分析零件结构,确定零件设计意图,利用曲面或曲线特征进行零件设计的基本方法与技巧。

创建曲面特征,一般是在完成零件草图的绘制后,利用系统中建立曲面特征的工具条或命令来完成的。建立曲面特征工具条中的各图标名称,如图 3-1 所示。

建立曲线特征工具条中的各图标名称,如图 3-2 所示。

图 3-1 曲面特征工具条

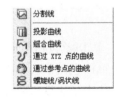

图 3-2 曲线特征工具条

任务一 曲别针设计

一、知识与技能准备

在设计零件时,可以使用曲线来生成实体模型特征。例如,可将曲线用做扫描特征的路径或引导曲线,或用做放样特征的引导曲线,或用做拔模特征的分割线等。一般,可以使用下列方法来生成多种类型的 3D 曲线。

- 分割线：通过草图投影到平面或曲面（侧影轮廓）上。
- 投影曲线：通过草图或通过相交的基准面上绘制的线条投影到模型面或曲面上。
- 组合曲线：由曲线、草图几何体和模型边线组合成一条曲线。
- 通过 XYZ 点的曲线：通过各点的 X、Y、Z 坐标清单。
- 通过参考点的曲线：通过用户定义的点或现有的顶点。
- 螺旋线/涡状线：指定一个圆形草图、螺距、圈数及高度。

1. 建立组合曲线

组合曲线是通过将曲线、草图或几何模型边线组合为一条单一曲线来生成的曲线。该曲线可以作为生成放样或扫描的引导曲线。生成组合曲线的操作如下。

① 单击曲线工具栏上的 组合曲线 图标，或选择"插入"→"曲线"→"组合曲线"命令，系统会弹出组合曲线 PropertyManager。

② 在组合曲线 PropertyManager 的 中选入要组合的项目（草图实体、边线等）。

③ 单击 按钮，生成组合曲线。

2. 建立投影曲线

投影曲线是将绘制的曲线投影到模型面上而生成一条 3D 曲线，也可以用另一种方法生成投影曲线。首先在两个相交的基准面上分别绘制草图，此时系统会将每一个草图沿所在平面的垂直方向投影得到一个曲面，最后这两个曲面在空间中相交而生成一条 3D 曲线。建立投影曲线的方法如下。

① 单击曲线工具栏上的 投影曲线 图标，或选择"插入"→"曲线"→"投影曲线"命令，系统会弹出投影曲线 PropertyManager。

② 在投影曲线 PropertyManager 的"选择"下将投影类型设定为"面上草图"或"草图上草图"，就会出现投影曲线的预览。

③ 在投影曲线 PropertyManager 的 中选入要投影的曲线，在 中选入曲线要投影的面。

④ 单击 按钮生成投影曲线，或单击 按钮取消操作。

也可以在图形区域中右击，然后从右键快捷键菜单中选择一投影类型。当选定了足够的实体来生成投影曲线时，就会出现"确定" 指针，单击以生成投影曲线。

3. 建立分割线

分割线是将草图投影到曲面或平面上所生成的，它可以将所选的面分割为多个分离的面。根据不同的生成方法，一般分割线分为以下三种类型。

① 轮廓分割线：在一个圆柱形零件上生成一条分割线。

② 投影分割线：将草图投影到曲面上所生成的一条分割线。

③ 交叉点分割线：以交叉实体、曲面、面、基准面或曲面样条曲线所生成的一条分割线。

注意：当以开环轮廓草图创建分割线时，草图必须至少跨越模型的两条边线。当创建分割线时，可以在顺流特征和更改后的边线更新中重新使用未更改的边线，其支持的特征有倒角、圆角、壳体及拔模。

(1) 生成轮廓分割线的操作如下。

① 单击曲线工具栏上的 分割线 图标,或选择"插入"→"曲线"→"分割线"命令,系统会弹出分割线 PropertyManager。

② 在分割线 PropertyManager 的"分割类型"下选择"轮廓"。

③ 在分割线 PropertyManager 中选取一基准面作为拔模方向，投影穿过模型的侧影轮廓线(外边线);在"要分割的面"中选取投影基准面所到之面(要分割的面不能是平面),设定角度以生成拔模角。

④ 单击 按钮生成轮廓分割线,或单击 按钮取消操作。

(2) 生成投影分割线的操作如下。

① 单击曲线工具栏上的 分割线 图标,或选择"插入"→"曲线"→"分割线"命令,系统会弹出分割线 PropertyManager。

② 在分割线 PropertyManager 的"分割类型"下选择"投影"。

③ 在分割线 PropertyManager 的 中选入要投影的草图,在 中选入要分割的面(投影草图所用的面),选择方向("单向"为往一个方向投影分割线)。

④ 单击 按钮生成投影分割线,或单击 按钮取消操作。

(3) 生成交叉点分割线的操作如下。

① 单击曲线工具栏上的 分割线 图标,或选择"插入"→"曲线"→"分割线"命令,系统会弹出分割线 PropertyManager。

② 在分割线 PropertyManager 的"分割类型"下选择"交叉点"。

③ 在分割线 PropertyManager 的"为分割实体/面/基准面" 中选择分割工具(交叉实体、曲面、面、基准面或曲面样条曲线),在"要分割的面/实体" 中单击,然后选择要投影分割工具的目标面或实体。

④ 选择曲面分割选项(分割所有、自然或线性)。

⑤ 单击 按钮生成交叉点分割线,或单击 按钮来取消操作。

二、任务内容

建立如图 3-3 所示的曲别针零件。

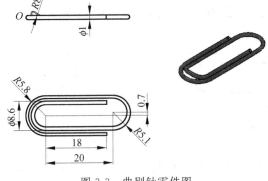

图 3-3　曲别针零件图

通过本任务的练习,可以掌握以下知识和操作技能。

① 投影曲线的建立。

② 组合曲线的建立。

③ 利用组合曲线生成扫描特征。

三、思路分析

如图 3-3 所示曲别针零件的设计意图如下:根据零件图的尺寸要求,可分别在上视图基准面和前视图基准面上绘制草图,然后利用投影曲线特征、组合曲线特征生成实体的扫描路径,再绘制扫描截面,利用实体扫描特征建立曲别针实体,如图 3-4 所示。

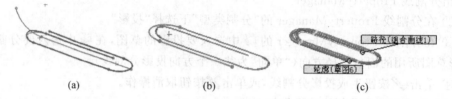

图 3-4 曲别针设计意图
(a) 生成投影曲线;(b) 生成组合曲线;(c) 建立扫描特征

四、操作步骤

(1) 生成如图 3-5 所示的投影曲线。

① 进入 SolidWorks 2009 系统,单击 [新建] 图标,开启一个新的零件文档窗口。

② 单击 FeatureManager 设计树中的 [上视基准面],再单击视图定向图标后单击 [草图绘制] 图标,绘制草图 1,如图 3-6 所示。

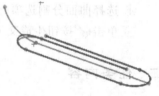

图 3-5 生成投影曲线

③ 单击 FeatureManager 设计树中的 [前视基准面],再单击视图定向图标后单击 [草图绘制] 图标,绘制草图 2,如图 3-7 所示。

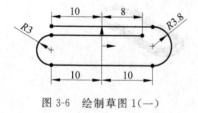

图 3-6 绘制草图 1(一)

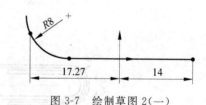

图 3-7 绘制草图 2(一)

④ 单击特征工具条中的 [投影曲线] 图标,系统将在 PropertyManager 中弹出基体曲线特征对话框。如图 3-8 所示,在对话框的 [ ] 列表框中选入草图 1 和草图 2,单击 ✓ 按钮,

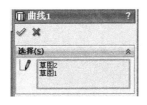

图 3-8　生成投影曲线参数设置(一)

完成投影曲线的建立。

(2) 生成如图 3-9 所示的组合曲线。

① 单击 FeatureManager 设计树中的 ◇ 上视基准面，再单击视图定向图标 ↓ 后单击 ☒ 草图绘制 图标，绘制草图 3，如图 3-10 所示。

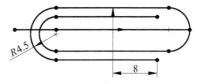

图 3-9　生成组合曲线　　　　　图 3-10　绘制草图 3(一)

② 单击特征工具条中的 ⌒ 组合曲线 图标，系统将在 PropertyManager 中弹出基体组合曲线特征对话框。如图 3-11 所示，在对话框的 ☒ 列表框中选入草图 3 和曲线 1，单击 ✓ 按钮，完成组合曲线的建立。

(3) 建立如图 3-12 所示的扫描特征。

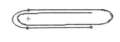

图 3-11　生成投影曲线参数设置(二)　　　　图 3-12　建立扫描特征(一)

① 单击参考几何体工具条中的 ◇ 基准面 图标，系统将在 PropertyManager 中弹出基准面特征对话框。移动鼠标单击组合曲线及其端点，单击 ⊥ 垂直于曲线(N) 图标，如图 3-13 所示，单击 ✓ 按钮，完成基准面 1 的建立。

② 单击 FeatureManager 设计树中的 ◇ 基准面1，再单击视图定向图标 ↓ 后单击 ☒ 草图绘制 图标，绘制草图 4，如图 3-14 所示。

③ 单击建立实体特征工具条中的 ⌒ 扫描 图标，系统将在 PropertyManager 中弹出基体扫描特征对话框。在基体扫描特征对话框中依次在扫描截面 ☒ 中与扫描路径 ☒ 中选入草图 4 与组合曲线 1，其他选项的设置如图 3-15 所示，单击 ✓ 按钮，完成扫描特征的建立。

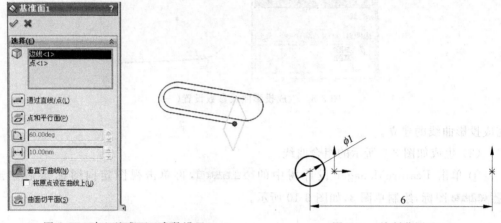

图 3-13　建立基准面 1 参数设置(一)　　　图 3-14　绘制草图 4(一)

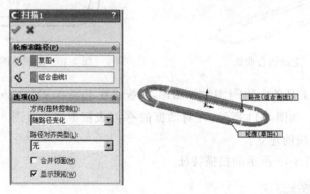

图 3-15　建立扫描特征参数设置(一)

(4) 保存零件。

五、知识扩展

1. 通过参考点的曲线

通过参考点的曲线可以生成一条通过位于一个或多个基准面上点的曲线。生成一条通过参考点曲线的操作如下。

① 单击曲线工具栏上的 [通过参考点的曲线] 图标,或选择"插入"→"曲线"→"通过参考点的曲线"命令,通过参考点的曲线 PropertyManager 出现。

② 按照要生成曲线的次序来选择草图点或顶点,或选择两者,实体会列在通过点框中。

③ 若想将曲线封闭,勾选 ☑ 闭环曲线(O) 复选框。

④ 单击 ✓ 按钮。

2. 通过 XYZ 点的曲线

通过 XYZ 点的曲线是利用 X、Y、Z 各坐标点的清单建立一条曲线。

① 单击曲线工具栏上的 ❥ 通过 XYZ 点的曲线 图标,或选择"插入"→"曲线"→"通过 XYZ 点的曲线"命令,系统会弹出曲线文件对话框。

② 通过双击曲线文件对话框中 X、Y 和 Z 坐标列中的单元格并在每个单元格中输入一个点坐标,生成一套新的坐标(生成在草图外的 X、Y 和 Z 坐标相对于前视基准面坐标系而进行转换)。

③ 单击 确定 按钮以显示曲线。

3. 设计饮料瓶零件

建立如图 3-16 所示的饮料瓶零件,其设计意图见表 3-1。

图 3-16 饮料瓶零件图

表 3-1 饮料瓶设计意图

特 征	草图、参数	实 体
通过 XYZ 点的曲线	点 X Y Z 1 37.5mm 0mm 0mm 2 34mm 15mm 0mm 3 37.5mm 150mm 0mm 4 30mm 165mm 0mm 5 16mm 204mm 0mm 6 15mm 210mm 0mm 7 16mm 228mm 0mm 8 17.5mm 231.5mm 0mm 9 17mm 234mm 0mm 10 16mm 236.5mm 0mm 11 17mm 238.5mm 0mm 12 16mm 240mm 0mm	
草图绘制	16, 240, 37.50	
旋转凸台/基体	旋转1 旋转参数(R) 直线4 单向 360.00deg 所选轮廓(S)	
基准面	选择(E) 上视基准面 通过直线/点(L) 点和平行面(P) 60.00deg 15.00mm	

续表

<table>
<tr><th>特　征</th><th>草图、参数</th><th>实　体</th></tr>
<tr><td>草图绘制</td><td>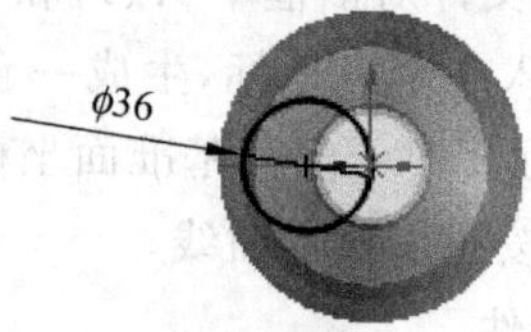φ36
绘制扫描截图</td><td></td></tr>
<tr><td>草图绘制</td><td>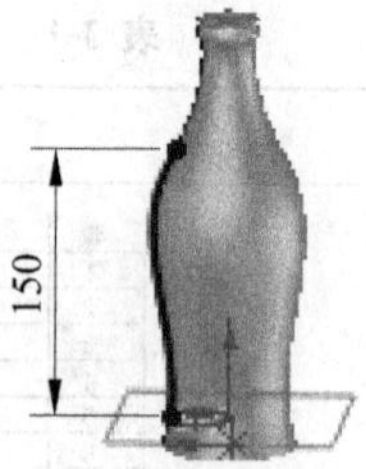150
绘制扫描路径</td><td></td></tr>
<tr><td>扫描</td><td>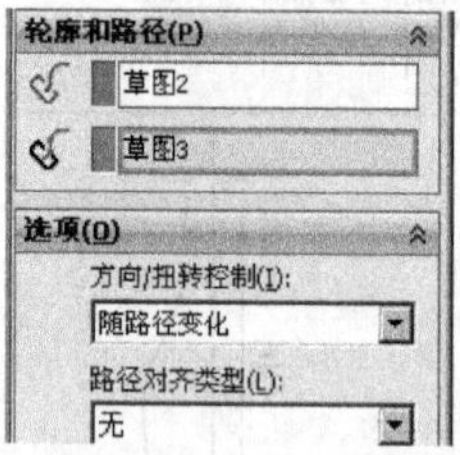轮廓和路径(P)
草图2
草图3
选项(O)
方向/扭转控制(T):
随路径变化
路径对齐类型(L):
无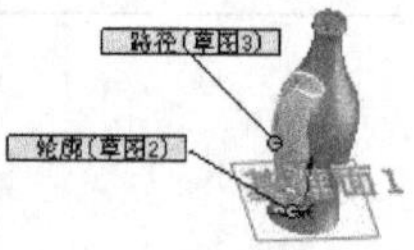路径(草图3)
轮廓(草图2)</td><td>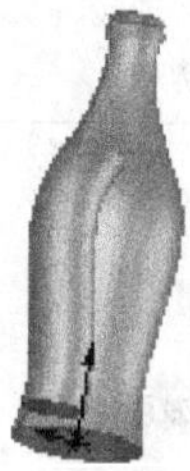</td></tr>
<tr><td>圆顶</td><td>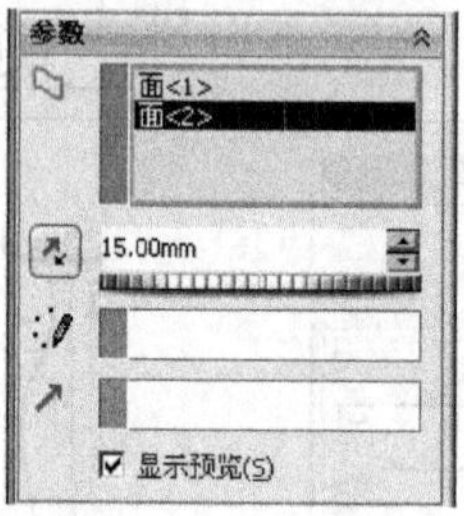参数
面<1>
面<2>
15.00mm
显示预览(S)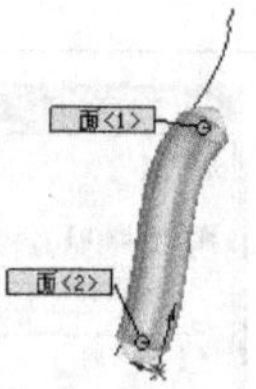面<1>
面<2></td><td>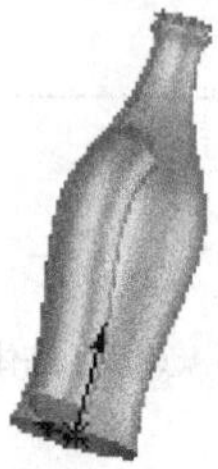</td></tr>
<tr><td>圆周阵列</td><td>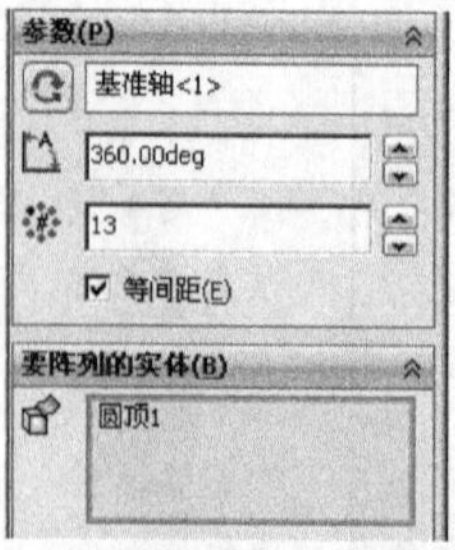参数(P)
基准轴<1>
360.00deg
13
等间距(E)
要阵列的实体(B)
圆顶1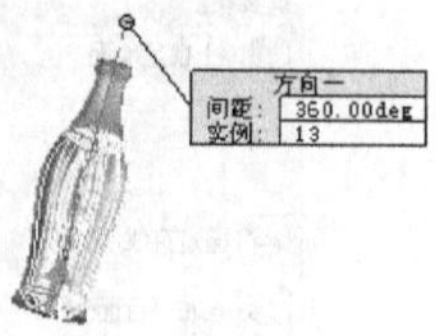方向一
间距: 360.00deg
实例: 13</td><td>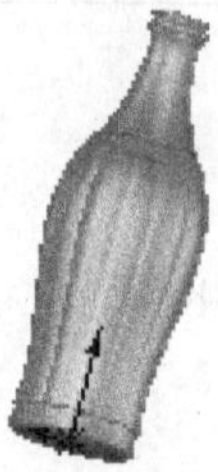</td></tr>
</table>

续表

特 征	草图、参数	实 体
组合	操作类型(O): 添加(A)／删减(S)／共同(C)；要组合的实体(B)：旋转1、阵列(圆周)1[12]、圆顶1、阵列(圆周)1[1]	
圆角	半径：5mm	
圆角	半径：1mm	
抽壳	参数(P)：D1 2.00mm；面<1>	
圆角	半径：1mm	

任务二 雨伞设计

一、知识与技能准备

1. 生成曲面

在设计零件时,有时可以使用以下方法生成曲面。

① 从草图或从位于基准面上的一组闭环边线插入一个平面(生成平面区域)。

② 由草图拉伸、旋转、扫描或放样生成曲面。

③ 从现有面或曲面等距生成曲面。

④ 输入文件生成曲面。

⑤ 生成中面。

⑥ 延展曲面。

⑦ 生成边界曲面。

2. 修改曲面

在设计零件时,有时可以用下列方法修改曲面。

① 通过选择一条边线、多条边线或一个面来延伸曲面(延伸曲面)。

② 使用曲面、基准面或草图作为剪裁工具来剪裁相交曲面,也可以将曲面和其他曲面联合使用作为相互的剪裁工具(剪裁曲面)。

③ 对于曲面实体中以一定角度相交的两个相邻面,可使用圆角以使两相邻面之间的边线平滑(圆角曲面)。

④ 使用填充曲面来修复曲面。

⑤ 在多实体零件中,可移动、旋转并复制实体和曲面实体,或者配合使用将它们放置在一定位置。

⑥ 删除修补曲面。

⑦ 将两个或多个面和曲面组合成一个曲面(缝合曲面)。

⑧ 用新曲面实体来替换曲面或实体中的面(替换面)。替换曲面实体不必与旧的面具有相同的边界。替换面时,原来实体中的相邻面自动延伸并剪裁到替换曲面实体。

3. 使用曲面

在设计零件时,有时可以用下列方法使用曲面。

① 选取曲面边线和顶点作为扫描的引导线和路径。

② 通过加厚曲面来生成一个实体或切除特征。

③ 用成形到某一面或到离指定面指定的距离终止条件来拉伸实体或切除特征。

④ 通过加厚已经缝合成实体的曲面来生成实体特征。

⑤ 以曲面替换面。

4. 从草图生成的曲面

① 拉伸曲面是由平面开环或封闭图形沿其法线方向运动形成的曲面。

② 旋转曲面是由平面开环或封闭图形绕一中心线旋转形成的曲面。

③ 扫描曲面是由平面开环或封闭图形沿空间曲线运动形成的曲面。

④ 放样曲面是由两个或两个以上的平面开环或封闭图形之间所形成的曲面。

从草图生成曲面的生成方法与相应实体的生成方法基本相同。

5. 剪裁曲面的生成

剪裁曲面是使用曲线、基准面或草图作为剪裁工具来剪裁相交曲面生成的面,也可以将曲面和其他曲面联合使用作为相互的剪裁工具。剪裁曲面的操作如下。

① 生成在一个或多个点相交的两个或多个曲面,或生成一个与基准面相交或在其面有草图的曲面。

② 单击曲面工具栏上的 剪裁曲面 ,或选择"插入"→"曲面"→"剪裁曲面"命令。

③ 在 PropertyManager 中的"剪裁类型"下选择一个类型。

- 标准。使用曲面、草图实体、曲线、基准面等来剪裁曲面。
- 相互。使用曲面本身来剪裁多个曲面。

④ 在"选择"下进行相关选项的选取。

- 剪裁工具(在"剪裁类型"下选择"标准"时可用)。在图形区域中选择曲面、草图实体、曲线或基准面作为剪裁其他曲面的工具。
- 曲面(在"剪裁类型"下选择"相互"时可用)。在图形区域中选择多个曲面以使剪裁曲面用来剪裁自身。
- 选择一剪裁操作:保留选择或移除选择。
- 根据剪裁操作:在"要保留的部分"中或在"要移除的部分"中选择曲面。

⑤ 在"曲面分割选项"下选择一项目。

- 自然。强迫边界边线随曲面形状变化。
- 线性。强迫边界边线随剪裁点的线性方向变化。
- 分割所有。显示曲面中的所有分割。

⑥ 单击 按钮。

6. 加厚特征

加厚曲面是给已有曲面加厚度或把完全由曲面围绕的体积生成实体。加厚的曲面由多个相邻的曲面组成时,则必须先缝合曲面才能加厚曲面。加厚一个曲面的操作如下。

① 单击特征工具栏上的 加厚 图标,或选择"插入"→"凸台/基体"→"加厚"命令。

② 在"加厚参数"下,执行如下操作。

- 在图形区域选择一要加厚的曲面。
- 检查预览,然后选择想加厚的曲面侧边:加厚侧边 1、加厚双侧、加厚侧边 2。
- 输入一厚度。

注意:当选择加厚两侧时,将添加指定到两侧的厚度。若要生成实体,则单击从闭合的体积生成实体。此选项只在生成了完全由曲面围绕的体积后才可使用。

③ 单击 按钮。

7. 圆顶

可在同一模型上同时生成一个或多个圆顶特征。生成一圆顶的操作如下。

① 单击特征工具栏中的圆顶图标 ，或选择"插入"→"特征"→"圆顶"命令。

② 在 PropertyManager 中,设置参数如下。

- 到圆顶的面 。选择一个或多个平面或非平面。
- 距离。设定圆顶扩展的距离的值。
- 反向 。单击以生成一凹陷圆顶(默认为凸起)。
- 约束点或草图 。通过选择一个包含有点的草图来约束草图的形状以控制圆顶。当使用包含有点的草图为约束时,"距离"被禁用。
- 方向。单击方向图标 ,然后从图形区域选择一个方向向量以垂直于面以外的方向拉伸圆顶。可使用线性边线或由两个草图点所生成的向量作为方向向量。
- 椭圆圆顶。为圆柱或圆锥模型指定一椭圆圆顶。椭圆圆顶的形状为一半椭面,其高度等于椭面的半径之一。
- 连续圆顶。为多边形模型指定连续圆顶。连续圆顶的形状在所有边均匀向上倾斜。如果消除连续圆顶形状将垂直于多边形的边线而上升。
- 显示预览。检查预览。

注意：连续圆顶对于四边形或在用户使用约束点或草图 或方向 向量时不可使用。在圆柱和圆锥模型上,可将"距离"设定为 0。软件会使用圆弧半径作为圆顶的基础来计算距离,这将生成一个与相邻圆柱或圆锥面相切的圆顶。

③ 单击 按钮。

二、任务内容

建立如图 3-17 所示的雨伞零件。

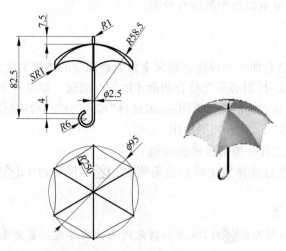

图 3-17 雨伞零件图

通过本任务的练习,可以掌握以下知识和操作技能。

① 旋转曲面的建立。

② 扫描曲面的建立。
③ 剪裁曲面的生成。
④ 利用分割线建立扫描特征。
⑤ 圆顶特征的建立。
⑥ 加厚特征的建立。

三、思路分析

如图 3-17 所示雨伞零件的设计意图如下：根据零件图的尺寸要求，可依次建立旋转曲面、扫描曲面、剪裁曲面、加厚特征来生成雨伞面；依次建立分割线、扫描特征、圆顶特征、阵列特征、旋转特征生成雨伞支架，如图 3-18 所示。

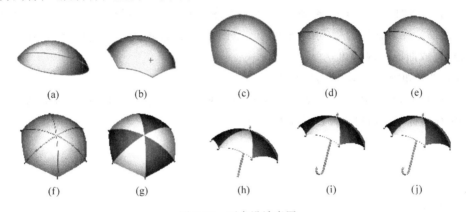

图 3-18　雨伞设计意图

(a) 生成旋转曲面；(b) 剪裁曲面；(c) 生成分割线；(d) 建立扫描特征；(e) 建立圆顶特征；
(f) 建立阵列特征；(g) 加厚曲面；(h) 建立旋转特征；(i) 建立扫描特征；(j) 建立圆顶特征

四、操作步骤

(1) 建立如图 3-19 所示的旋转曲面。

① 进入 SolidWorks 2009 系统，单击 新建 图标，开启一个新的零件文档窗口。

② 单击 FeatureManager 设计树中的 前视基准面，再单击视图定向图标 后单击 草图绘制 图标，绘制草图 1，如图 3-20 所示。

图 3-19　建立旋转曲面

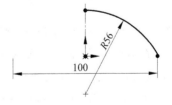

图 3-20　绘制草图 1(二)

(2) 建立如图 3-21 所示的剪裁曲面。

① 单击 FeatureManager 设计树中的 ，再单击视图定向图标 后单击 草图绘制 图标，绘制草图 2，如图 3-22 所示。

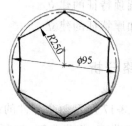

图 3-21　建立剪裁曲面(一)　　　　　　图 3-22　绘制草图 2(二)

② 单击曲面工具栏上的 剪裁曲面 图标，系统将在 PropertyManager 中弹出基体曲面剪裁对话框。在对话框的 列表框中选入草图 2，其他选项的设置如图 3-23 所示，单击 按钮，完成曲面剪裁的建立。

(3) 建立如图 3-24 所示的分割线。

① 单击 FeatureManager 设计树中的 上视基准面，再单击视图定向图标 后单击 草图绘制 图标，绘制草图 3，如图 3-25 所示。

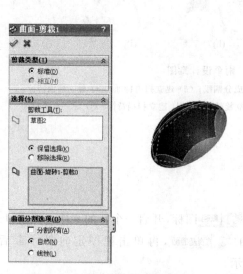

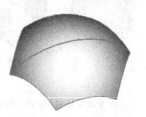

图 3-24　建立分割线

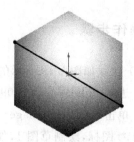

图 3-23　生成投影曲线参数设置(三)　　　　图 3-25　绘制草图 3(二)

② 单击曲面工具栏上的 分割线 图标，系统将在 PropertyManager 中弹出基体分割线对话框。在对话框的 中选入草图 3，在 列表框中选入要分割的曲面，如图 3-26 所示，单击 按钮，完成分割线的建立。

(4) 建立如图 3-27 所示的扫描特征。

① 单击 3D草图，绘制 3D 草图 1，如图 3-28 所示。

项目三 曲面特征的建立

图 3-26 建立分割线参数设置

图 3-27 建立扫描特征(二)

图 2-28 绘制 3D 草图 1

② 单击参考几何体工具条中的 ◇ 基准面 图标,系统将在 PropertyManager 中弹出基准面特征对话框。移动鼠标单击组合曲线及其端点,单击 ⊥ 垂直于曲线(N) 按钮,如图 3-29 所示,单击 ✓ 按钮,完成基准面 1 的建立。

图 3-29 建立基准面 1 参数设置(二)

③ 单击 FeatureManager 设计树中的 ◇ 基准面1,再单击视图定向图标 ↓ 后单击 ┃ 草图绘制 图标,绘制草图 4,如图 3-30 所示。

④ 单击特征工具条中的 ⚲ 扫描 图标,系统将在 PropertyManager 中弹出基体扫描特征对话框。在基本扫描特征对话框中,依次在扫描截面 ♂ 中与扫描路径 ♂ 中选入草图 4 与 3D 草图 1,其他选项的设置如图 3-31 所示,单击 ✓ 按钮,完成扫描特征的建立。

(5) 建立如图 3-32 所示的圆顶特征。

单击特征工具条中的 ⊖ 圆顶 图标,系统将在 PropertyManager 中弹出基体圆顶特征

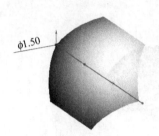
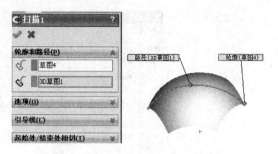

图 3-30　绘制草图 4(二)　　　　图 3-31　建立扫描 1 特征参数设置(一)

对话框。在对话框的 中选入扫描特征——端面,在 文本框中输入 1.5mm,如图 3-33 所示,单击 按钮,完成圆顶 1 特征的建立。

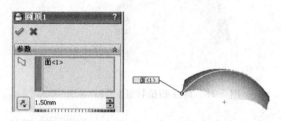

图 3-32　建立圆顶特征(一)　　　　图 3-33　建立扫描 1 特征参数设置(二)

用同样的方法,建立扫描特征另一端面的圆顶 2 特征。

(6) 建立如图 3-34 所示的阵列特征。

单击旋转曲面轴线,再移动鼠标单击特征工具条中的 图标,系统将在 PropertyManager 中弹出圆周阵列特征对话框。在该对话框的 列表框中选入圆顶 2 特征,在 文本框中输入 360,在 文本框中输入 3,然后勾选 等间距(E) 复选框,如图 3-35 所示,单击 按钮,完成阵列特征的建立。

图 3-34　建立阵列特征　　　　图 3-35　建立阵列特征参数设置

项目三 曲面特征的建立 103

(7) 建立如图 3-36 所示的加厚特征。

单击特征工具条中的 ![加厚] 图标,系统将在 PropertyManager 中弹出加厚特征对话框。在对话框的 ![] 中选入曲面,单击 ![] 按钮,在 ![] 文本框中输入 0.6mm,如图 3-37 所示,单击 ![] 按钮,完成加厚特征的建立。

图 3-36　建立加厚特征　　　　　　图 3-37　建立加厚特征参数设置

(8) 建立如图 3-38 所示的旋转特征。

① 单击 FeatureManager 设计树中的 ![前视基准面],再单击视图定向图标 ![] 后单击 ![草图绘制] 图标,绘制草图 5,如图 3-39 所示。

图 3-38　建立旋转特征　　　　　　图 3-39　绘制草图 5(一)

② 单击特征工具条中的 ![旋转凸台/基体] 图标,系统将在 PropertyManager 中弹出旋转特征对话框。在对话框的 ![] 中选入旋转轴线,其他选项的设置如图 3-40 所示,单击 ![] 按钮,完成旋转特征的建立。

(9) 建立如图 3-41 所示的扫描特征。

图 3-40　建立旋转特征参数设置　　　　　　图 3-41　建立扫描特征(三)

① 单击 FeatureManager 设计树中的 ◇ 前视基准面，再单击视图定向图标 ↕ 后单击 ᛋ 草图绘制 图标，绘制草图 6，如图 3-42 所示。

② 单击旋转特征端面，再单击视图定向图标 ↕ 后单击 ᛋ 草图绘制 图标，绘制草图 7，如图 3-43 所示。

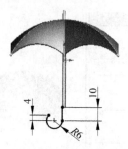
图 3-42　绘制草图 6

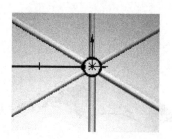
图 3-43　绘制草图 7

③ 单击特征工具条中的 G 扫描 图标，系统将在 PropertyManager 中弹出基体扫描特征对话框。在该对话框中，依次在扫描截面 ᛋ 中与扫描路径 ᛋ 中选入草图 6 与草图 7，其他选项的设置如图 3-44 所示，单击 ✓ 按钮，完成扫描特征的建立。

图 3-44　建立扫描特征参数设置（二）

（10）建立如图 3-45 所示的圆顶特征。

单击特征工具条中的 ⊖ 圆顶 图标，系统将在 PropertyManager 中弹出基体圆顶特征对话框。在对话框的 ᛋ 中选入扫描特征——端面，在 ↗ 文本框中输入 1.2mm，如图 3-46 所示，单击 ✓ 按钮，完成圆顶特征的建立。

图 3-45　建立圆顶特征（二）

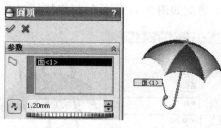
图 3-46　建立圆顶特征参数设置

（11）保存零件。

五、知识扩展

1. 解除剪裁曲面

可使用解除剪裁曲面工具通过沿其自然边界延伸现有曲面来修补曲面上的洞及外部边线,还可按所给百分比来延伸曲面的自然边界或连接端点来填充曲面。一般可将解除剪裁曲面工具用于所生成的任何输入曲面或曲面。

注意:解除剪裁曲面延伸现有曲面,而曲面填充则生成不同的曲面,在多个面之间应用修补、使用约束曲线等。

使用解除剪裁曲面工具的操作如下。

① 单击想解除剪裁的曲面零件。

② 单击曲面工具栏上的 解除剪裁曲面 图标,或选择"插入"→"曲面"→"解除剪裁"命令。

③ 在"选择" 列表框中,选择想解除剪裁的面或边线;若想延伸边线,选择边线后,输入距离 将调整曲面延伸到其自然边界的百分比。

注意:根据所选择的边线,曲面可延伸到其自然边界。若想约束边线,选择相邻的边线。

④ 在"选项"下,可接受默认的延伸边线为边线解除剪裁类型,将所有边线延伸到其自然边界,或者选择两条边线后选择连接端点。

若想生成与原有曲面合并的曲面延伸,勾选"与原有合并"复选框(默认);若想生成新的、单独的曲面实体,勾销"与原有合并"复选框。

⑤ 单击 按钮,解除剪裁曲面。

2. 设计小勺零件

设计如图 3-47 所示的小勺零件,其设计意图如表 3-2 所示。

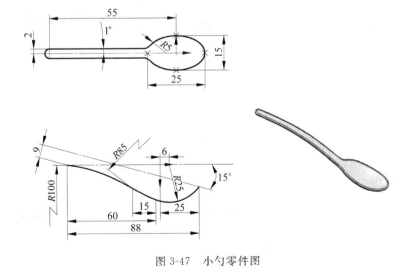

图 3-47 小勺零件图

表 3-2 小勺零件的设计意图

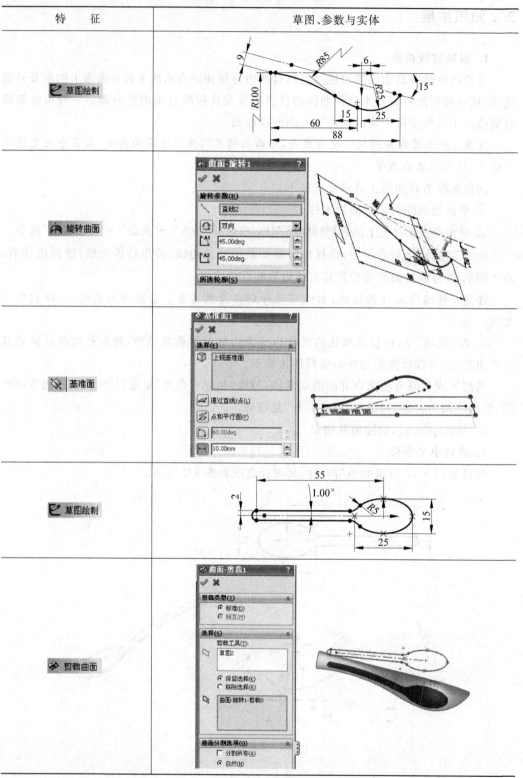

续表

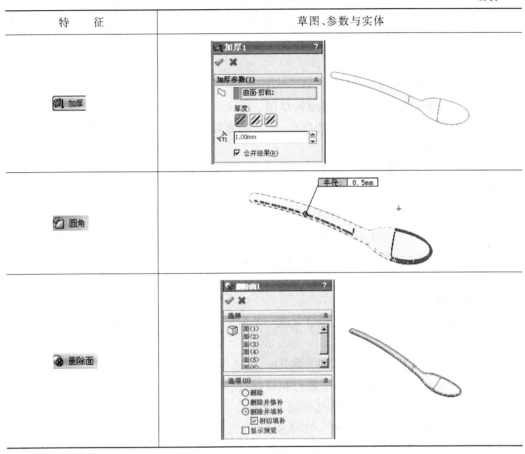

特 征	草图、参数与实体
加厚	
圆角	
删除面	

任务三　轮毂设计

一、知识与技能准备

1. 平面区域

平面区域是用一个封闭图形的草图或基准面上、实体上的一个平面封闭边线来生成的一个有边界的平面。生成平面区域的方法有：非相交闭合草图、一组闭合边线、多条共有平面分型线、一对平面实体（如曲线或边线）。从草图中生成一个有边界的平面区域的操作如下。

① 生成一个非相交、单一轮廓的闭环草图。

② 单击曲面工具栏上的 平面区域 图标，或选择"插入"→"曲面"→"平面区域"命令。

③ 在 PropertyManager 中，为"边界实体" 在图形区域中选择草图或选择 FeatureManager 设计树。

④ 单击 ✓ 按钮。

在零件中生成有一组闭环边线边界的平面区域的操作如下。

① 单击曲面工具栏上的 ▨平面区域 图标,或选择"插入"→"曲面"→"平面区域"命令。

② 在 PropertyManager 中,为"边界实体"◯在零件中选择一组闭环边线,组中所有边线必须位于同一基准面上。

③ 单击 ✓ 按钮。

编辑平面区域的操作如下。

① 如果该平面由草图生成,可编辑草图。

② 如果平面区域从一组封闭边线生成,右击曲面然后选择"编辑特征"命令。

2. 等距曲面

等距曲面是通过选择一曲面或平面来生成与其距离相等的曲面或平面。生成等距曲面的操作如下。

① 单击曲面工具栏上的 ▨等距曲面 图标,或选择"插入"→"曲面"→"等距曲面"命令。

② 在 PropertyManager 中,为"要等距的曲面或面"▨在图形区域中选择曲面或面,为"等距距离"设定一数值,可单击反转等距方向 ▨按钮来更改等距的方向。

③ 单击 ✓ 按钮。

3. 缝合曲面

缝合曲面是将两个或多个曲面组合成一个曲面,各曲面的边线必须相邻并且不重叠。缝合曲面的操作如下。

① 单击曲面工具栏上的 ▨缝合曲面 图标,或选择"插入"→"曲面"→"缝合曲面"命令。在 PropertyManager 的"选择"项下进行相应操行。

• 为要缝合的曲面和面(▨)选择面和曲面。

• 如果想从闭合的曲面生成一实体模型,勾选"尝试形成实体"复选框。

• 勾选"最小调整"复选框,在缝合过程中对曲面进行最小更改,勾销该复选框可增加缝合过程中所使用的公差,此可产生曲面的更大调整。

② 单击 ✓ 按钮。

注意:要缝合的曲面边线必须相邻并且不重叠;曲面不必处于同一基准面上;选择整个曲面实体或选择一个或多个相邻曲面实体;缝合曲面会吸收用于生成它们的曲面实体;在缝合曲面形成一闭合体积或保留为曲面实体时生成一实体。

如要使用基面 ▨选项缝合曲面,则必须使用延展曲面,操作方法如下。

① 生成延展曲面。

② 单击曲面工具栏上的 ▨缝合曲面 图标,或选择"插入"→"曲面"→"缝合曲面"命令。在 PropertyManager 的"选择"项下进行相应操作。

• 为要缝合的曲面和面(▨)选择面和曲面。

• 在基面 ▨中单击,然后在模型上选择想与延展曲面缝合的面。

③ 单击 ✓ 按钮,基面和所有相邻面与延展曲面缝合。

4. 填充曲面

填充曲面是由模型边线、草图或在曲线定义的边界内构成带任何边数的曲面。要生成填充曲面,可根据生成填充曲面的类型设定以下 PropertyManager 选项。

① 修补边界。"修补边界"的 ⌀ 中定义所要修补的边线。边界包括以下属性和功能：曲面或实体边线、2D(3D)草图或组合曲线。对于所有草图边界，只可选择"接触修补"为曲率控制类型。

② 交替面。可为修补的曲率控制反转边界面。交替面只在实体模型上生成修补时使用。

③ 曲率控制。曲率控制是指生成修补时控制的类型。曲率控制的类型包括：相触（在所选边界内生成曲面）、曲率（在与相邻曲面交界的边界边线上生成与所选曲面的曲率相配套的曲面）。

一般可在同一修补中应用以下不同的曲率控制类型。

① 应用到所有边线。勾选"应用到所有边线"复选框可使相同的曲率控制应用到所有边线。如果将"接触"以及"相切"应用到不同边线后勾选此复选框，将应用当前选择到所有边线。

② 优化曲面。对于两边或四边曲面则应勾选"优化曲面"复选框。勾选"优化曲面"复选框时应用与放样的曲面相类似的简化曲面修补。优化的曲面修补的潜在优势包括重建时间加快，以及当与模型中的其他特征一起使用时的增强稳定性。

③ 显示预览。显示曲面填充的上色预览。

④ 预览网格。在修补上显示网格线以帮助用户直观地查看曲率。预览网格只在选择显示预览时可用。

⑤ 反转曲面。改变曲面修补的方向。"反转曲面"功能是动态的，只在满足以下条件时显示：所有边界曲线共平面、不存在约束点、无内部约束、填充曲面为非平面、为曲率控制选取"相切"或"曲率"。

⑥ 约束曲线。约束曲线（ ⌀ ）可以给修补添加斜面控制。约束曲线主要用于工业设计应用。一般可以通过草图点或样条曲线之类的草图实体来生成约束曲线。

⑦ 分辨率控制。如果填充曲面不平滑，可通过调整分辨率控制（ ⌀ ）滑杆来改进其品质。分辨率默认设置为1，更改设定到2或3以增加定义曲面的修补数。高设定可提高曲面轮廓的品质。

注意：分辨率控制只有在"优化曲面"复选框被勾销时才可用。更改分辨率将增加模型的大小和处理时间。如果曲面令人满意，则不应更改默认的设定。

⑧ 选项。可使用填充的曲面工具生成一实体模型。"选项"包括修复边界、合并结果、尝试形成实体、反向四个选项。

- 修复边界。通过自动建造遗失部分或裁剪过大部分来构造有效边界。
- 合并结果。此选项的功能根据边界而定。当所有边界都属于同一实体时，可以使用曲面填充工具来修补实体。如果至少有一条边线是开环薄边，而选择"合并结果"，那么曲面填充会用边线所属的曲面缝合。如果所有边界实体都是开环边线，那么可以选择"生成实体"。"合并结果"选项可允许精简操作，从而取消替换面、隐藏模型内的实体细节。
- 尝试形成实体。如果所有边界实体都是开环曲面边线，那么形成实体是有可能的。默认情况下，未勾选"尝试形成实体"复选框。
- 反向。当用填充曲面修补实体时，通常有两种可能的结果。如果填充曲面显示的方向不符合需要，单击"反向"便可进行纠正。

5. 延伸曲面

延伸曲面是通过选择一条或多条边线，或选择一个面来延伸生成曲面。延伸曲面的操作如下。

(1) 单击曲面工具栏上的 ![延伸曲面] 图标，或选择"插入"→"曲面"→"延伸曲面"命令。

(2) 在 PropertyManager 中进行如下设置。

① 在延伸的边线/面下，在图形区域中"为所选面/边线" ![] 选择一条或多条边线或面。对于边线，曲面沿边线的基准面延伸；对于面，曲面沿面的所有边线延伸，除那些连接到另一个面的以外。可通过单击延伸 ![] 标注将延伸曲面扩展到切面，此标注只在选择边线时出现。

② 选择以下终止条件类型。

- 距离。按在距离 ![] 文本框中所指定的数值延伸曲面。
- 成形到点。将曲面延伸到"为顶点" ![]，即在图形区域中延伸到所选择的点或顶点。
- 成形到面。将曲面延伸到"为曲面/面" ![]，即在图形区域中延伸到所选择的曲面或面。

③ 选择以下延伸类型。

- 同一曲面。沿曲面的几何体延伸曲面。
- 线性。沿边线相切于原有曲面来延伸曲面。

(3) 单击 ![✓] 按钮。

6. 删除实体

可使用删除实体特征来将实体删除。删除实体的操作如下。

① 单击特征工具栏上的 ![删除实体/曲面] 图标，或选择"插入"→"特征"→"删除实体"命令。

② 在 PropertyManager 的"要删除的实体" ![] 中选入图形区域中或实体文件夹中要删除的实体。

③ 单击 ![✓] 按钮。

二、任务内容

建立如图 3-48 所示的轮毂零件。

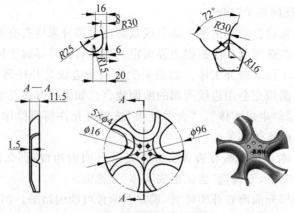

图 3-48 轮毂零件图

通过本任务的练习,可以掌握以下知识和操作技能。
① 平面区域曲面的建立。
② 等距曲面的建立。
③ 剪裁曲面的建立。
④ 放样曲面的建立。
⑤ 填充曲面的建立。
⑥ 缝合曲面的建立。
⑦ 剪裁曲面的建立。
⑧ 删除实体曲面的建立。
⑨ 曲面加厚特征的建立。
⑩ 拉伸切除特征的建立。

三、思路分析

如图 3-47 所示的轮毂设计意图如下:根据零件图的尺寸要求,可依次建立平面区域、等距曲面、剪裁曲面、放样曲面、实体删除、曲面实体阵列、填充曲面、缝合曲面、剪裁曲面、曲面加厚、拉伸切除来生成零件实体模型,如图 3-49 所示。

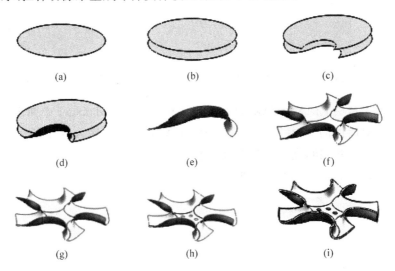

图 3-49　轮毂的设计意图
(a) 建立基准曲面;(b) 生成等距曲面;(c) 剪裁曲面;(d) 生成放样曲面;(e) 曲面实体删除;
(f) 曲面实体阵列;(g) 生成填充曲面;(h) 缝合、剪裁曲面;(i) 加厚曲面后拉伸切除

四、操作步骤

(1) 建立如图 3-50 所示的基准曲面。
① 进入 SolidWorks 2009 系统,单击 [新建] 图标,开启一个新的零件文档窗口。

② 单击 FeatureManager 设计树中的 ◇ 上视基准面,再单击视图定向图标 ↧ 后单击 ┃ 草图绘制 图标,绘制草图 1,如图 3-51 所示。

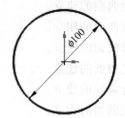

图 3-50 建立基准曲面　　　　　图 3-51 绘制草图1(三)

③ 单击曲面工具栏上的 ┃平面区域 图标,系统将在 PropertyManager 中弹出基体曲面-基准面对话框。在对话框的 ◇ 中选入草图 1,如图 3-52 所示,单击 ✓ 按钮,完成基准曲面的建立。

(2) 建立如图 3-53 所示的等距曲面。

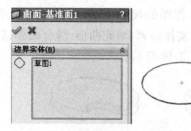

图 3-52 建立基准曲面参数设置(一)　　图 3-53 建立等距曲面

单击曲面工具栏上的 ┃等距曲面 图标,系统将在 PropertyManager 中弹出基体曲面-等距对话框。在对话框的 ◇ 中选入基准曲面,在 ◇ 文本框中输入等距的距离 10mm,如图 3-54 所示,单击 ✓ 按钮,完成等距曲面的建立。

(3) 建立如图 3-55 所示的剪裁曲面。

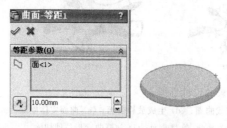

图 3-54 建立等距曲面参数设置　　图 3-55 建立剪裁曲面(二)

① 单击 FeatureManager 设计树中的基准曲面,再单击视图定向图标 ↧ 后单击 ┃ 草图绘制 图标,绘制草图 2,如图 3-56 所示。

② 单击 FeatureManager 设计树中的"等距曲面",再单击视图定向图标 ↧ 后单击 ┃ 草图绘制 图标,绘制草图 3,如图 3-57 所示。

项目三　曲面特征的建立

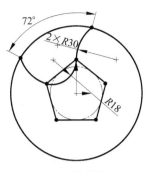

图 3-56　绘制草图 2(三)

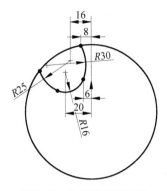

图 3-57　绘制草图 3(三)

③ 单击曲面工具栏上的 剪裁曲面 图标,系统将在 PropertyManager 中弹出"曲面-剪裁 1"对话框。在对话框的 中选入草图 2,其他选项的设置如图 3-58 所示,单击 按钮,完成剪裁曲面 1 的建立。

④ 单击曲面工具栏上的 剪裁曲面 图标,系统将在 PropertyManager 中弹出"曲面-剪裁 2"对话框。在对话框的 中选入草图 3,其他选项的设置如图 3-59 所示,单击 按钮,完成剪裁曲面 2 的建立。

图 3-58　建立剪裁曲面 1 参数设置

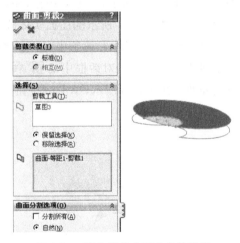

图 3-59　建立剪裁曲面 2 参数设置

(4) 建立如图 3-60 所示的放样曲面。

单击曲面工具栏上的 放样曲面 图标,系统将在 PropertyManager 中弹出基体曲面-放样对话框。在对话框的 中选入草图 2 与草图 3,其他选项的设置如图 3-61 所示,单击 按钮,完成放样曲面的建立。

(5) 曲面实体删除,结果如图 3-62 所示。

单击曲面工具栏上的 删除实体/曲面 图标,系统将在 PropertyManager 中弹出基体实体-删除对话框。在对话框的 中选入剪裁曲面 1 与剪

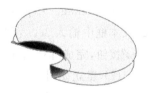

图 3-60　建立放样曲面

图 3-62 曲面实体删除

图 3-61 建立放样曲面参数设置　　　　图 3-63 曲面实体删除参数设置

裁曲面2,如图3-63所示,单击  按钮,完成曲面实体删除。

(6) 建立如图3-64所示的曲面实体阵列。

① 单击参考几何体工具条中的 ▓基准轴 图标,系统将在PropertyManager中弹出基准轴特征对话框。单击对话框中的 ▓两平面(T) 按钮,并在对话框的 ▓中选入右视基准面与前视基准面,如图3-65所示,单击 ▓按钮,完成基准轴的建立。

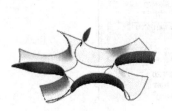
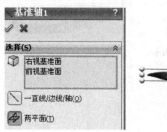

图 3-64 曲面实体阵列　　　　　图 3-65 建立基准轴参数设置

② 单击基准轴1,再移动鼠标单击特征工具条中的 ▓圆周阵列 图标,系统将在PropertyManager中弹出圆周阵列特征对话框。在特征对话框的 ▓中选入放样曲面,在 ▓文本框中输入360,在 ▓文本框中输入5,然后勾选 ▓等间距 复选框,如图3-66所示,单击 ▓按钮,完成阵列的建立。

(7) 建立如图3-67所示的填充曲面。

单击曲面工具栏上的 ▓填充曲面 图标,系统将在PropertyManager中弹出基体曲面-填充对话框。在对话框的 ▓中选入曲面边界,其他选项的设置如图3-68所示,单击 ▓按钮,完成填充曲面的建立。

项目三　曲面特征的建立

图 3-66　建立曲面阵列参数设置　　　　　图 3-67　建立填充曲面

图 3-68　建立填充曲面参数设置

(8) 建立缝合曲面。

单击曲面工具栏上的 [缝合曲面] 图标,系统将在 PropertyManager 中弹出基体曲面-缝合对话框。在对话框的 [] 中选入所有曲面,如图 3-69 所示,单击 [✓] 按钮,完成缝合曲面的建立。

图 3-69　建立缝合曲面参数设置

(9) 建立如图 3-70 所示的剪裁曲面。

① 单击 FeatureManager 设计树中的剪裁曲面,再单击视图定向图标 [↧] 后单击 [草图绘制] 图标,绘制草图 4,如图 3-71 所示。

② 单击曲面工具栏上的 剪裁曲面 图标,系统将在 PropertyManager 中弹出"曲面-剪裁 3"对话框。在对话框的 中选入草图 4,其他选项的设置如图 3-72 所示,单击 按钮,完成剪裁曲面 3 的建立。

图 3-70 建立剪裁曲面(三)

图 3-71 绘制草图 4(三)

图 3-72 建立剪裁曲面 3 参数设置

(10) 加厚曲面。

单击曲面工具栏上的 加厚 图标,系统将在 PropertyManager 中弹出基体加厚对话框。在对话框的 中选入剪裁曲面 3,在 文本框中输入曲面厚度 1.5mm,其他选项的设置如图 3-73 所示,单击 按钮,完成加厚曲面的建立。

(11) 建立如图 3-74 所示的拉伸切除特征。

图 3-73 建立加厚曲面参数设置　　　　图 3-74 建立拉伸切除特征

① 单击参考几何体工具条中的 基准面 图标,系统将在 PropertyManager 中弹出基准面特征对话框。在对话框的 中选入上视基准面,在 文本框中输入距离 15mm,如图 3-75 所示,单击 按钮,完成基准面的建立。

② 单击 FeatureManager 设计树中的 基准面1,再单击视图定向图标 后单击 草图绘制 图标,绘制草图 5,如图 3-76 所示。

③ 单击特征工具条中的 拉伸切除 图标,系统将在 PropertyManager 中弹出基体拉伸特征对话框。在对话框的 中选择"完全贯穿",其他选项的设置如图 3-77 所示,单击 按钮,完成拉伸切除特征的建立。

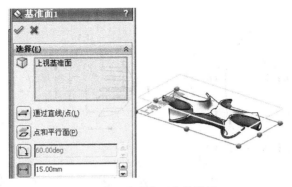

图 3-75 建立基准曲面参数设置(二)

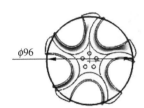

图 3-76 绘制草图 5(二)

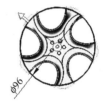

图 3-77 建立拉伸切除特征参数设置

(12) 保存零件。

五、知识扩展

1. 圆角

对于曲面实体中以一定角度相交的两个相邻面,可以用圆角来平滑连接。

2. 延展曲面

延展曲面是通过延展分型线、边线、一组相邻的内张或外张边线,并平行于所选基准面来生成曲面。

3. 替换面

替换面是指用曲面实体来替换曲面或实体中的面。替换曲面实体不必与旧的面具有相同的边界。当替换面时,原来实体中的相邻面自动延伸并剪裁到替换曲面实体。替换曲面实体可以是任何类型的曲面特征(如拉伸、放样曲面等)。

4. 选择过滤器

选择过滤器有助于在图形区域中或工程图图纸区域中选择特定项,例如选择面的过滤器只选取面。

想在复杂的曲面实体中选择单一的面,可使用选择过滤器工具栏上的过滤面( )。

5. 设计可乐瓶零件

设计如图 3-78 所示的可乐瓶零件,其设计意图如表 3-3 所示。

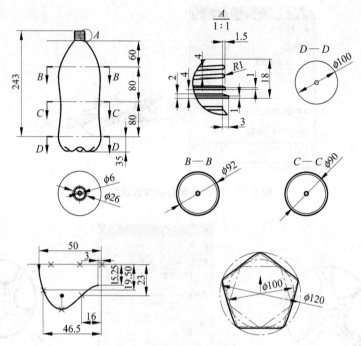

图 3-78 可乐瓶零件图

表 3-3 可乐瓶设计意图

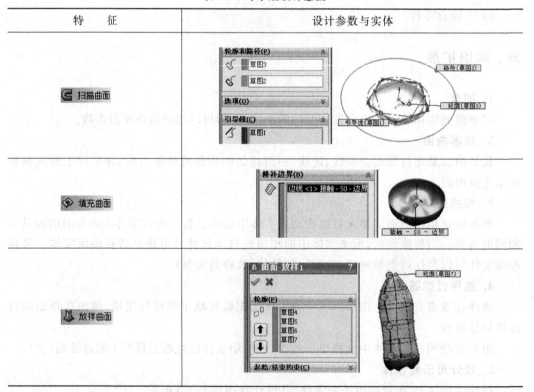

项目三　曲面特征的建立　119

续表

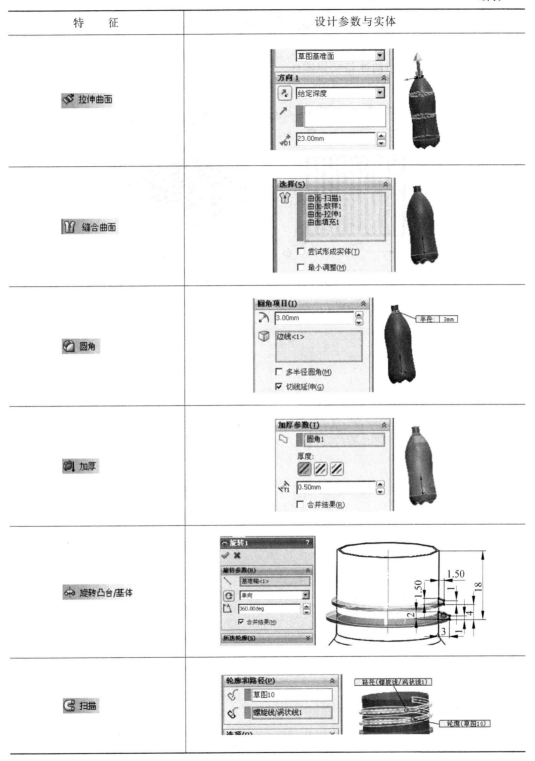

练习题三

建立如图 3-79 所示的冰箱托架零件。

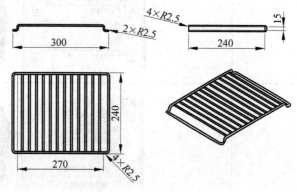

图 3-79　冰箱托架零件图

项目四

钣金零件设计

钣金零件通常是指五金零件,是一种比较常见的零件结构,如计算机主机外壳、微波炉外壳等都是钣金零件。使用钣金特定的特征来生成的零件为钣金零件。

知识与技能目标

能合理选用钣金零件的创建方法;理解钣金零件的设计意图;掌握基于特征的参数化实体建模方法来设计钣金零件。

常用的钣金特征工具条各图标名称如图 4-1 所示。

图 4-1 钣金特征工具条

建立钣金零件的方法,通常可以分为以下三种。

1. 将实体零件转化为钣金零件

在零件或装配体内建模并转换成钣金零件,可转化实体或曲面实体或已输入的零件。

2. 从展开状态设计钣金零件

用钣金特征生成零件,可以从最初设计阶段开始就生成钣金零件。对于几乎所有的钣金零件而言,这是最佳的方法。利用钣金特征生成钣金零件比先生成零件然后将之转换到钣金零件更容易和更快捷。

3. 创建一个零件,将其抽壳后转换为钣金零件

先创建一个壳型实体零件,然后通过切口、插入折弯将之转换成钣金零件。例如,圆锥折弯不受钣金特定的特征支持(如基体法兰和边线法兰),因此,必须使用拉伸、旋转等来创建壳型零件,然后转换零件以生成可向其中添加折弯的圆锥零件。

注意:当组合不同的钣金设计方法创建零件时,原来作为钣金生成的零件与先生成为零件然后转换为钣金的零件有不同的特征。然而,可将钣金特定的特征添加到转换为钣金的零件。一旦添加钣金特定的特征(如斜接法兰 、边线法兰 等)之后,就会出现以下情形。

① "平板型式 1" 添加到 FeatureManager 设计树中,并处于压缩状态。

② 新钣金特征的折弯存储在每一单个特征之下，而非"展开-折弯 1" 或"加工-折弯 1" 之下。而且，所有的原有及新增折弯均列于"平板型式 1" 特征之下。若要展开零件，则需将"平板型式 1" 解除压缩，而并非压缩"加工-折弯 1" 。

任务一　卡扣零件设计

一、知识与技能准备

1. 由展开状态生成钣金零件
① 打开一个新零件。
② 绘制一个草图，不必标注零件尺寸。
③ 通过单击 基体法兰/薄片 图标，或选择"插入"→"钣金"→"基体法兰"命令生成基体法兰，钣金特征出现在 FeatureManager 设计树中。
④ 欲转折钣金零件，则在零件上相应位置绘制直线（也可应用其他的钣金特征）。
⑤ 通过单击 转折图标，或选择"插入"→"钣金"→"转折"命令将零件转折，零件在所绘制的直线处转折。

2. 基体法兰
基体法兰是钣金零件的第一个特征。基体法兰被添加到 SolidWorks 零件后，系统就会将该零件标记为钣金零件。折弯添加到适当位置，并且特定的钣金特征被添加到 FeatureManager 设计树中。基体法兰特征的一些额外注意事项如下。
① 基体法兰特征是从草图生成，而草图可以是单一开环、单一闭环或多重封闭轮廓。
② 在一个 SolidWorks 零件中，只能有一个基体法兰特征。
③ 基体法兰特征的厚度和折弯半径将成为其他钣金特征的默认值。
生成基体法兰特征的操作如下。
① 生成一个符合以上标准的草图（可在生成草图前，但在选择基准面后选择基体法兰特征。当选择基体法兰特征时，一草图在基准面上打开）。
② 单击钣金工具栏上的 基体法兰/薄片 图标，或选择"插入"→"钣金"→"基体法兰"命令。
注意：基体法兰 PropertyManager 上的控件会根据所绘制的草图而更新。例如，如果是单一闭环轮廓草图，就不会出现"方向 1"和"方向 2"框。
③ 如有必要，在"方向 1"和"方向 2"下，为"终止条件"和"总深度" 设置参数。
④ 在"钣金参数"下设置以下选项。
- 为厚度 设定一数值以指定钣金厚度。
- 勾选"反向"复选框以反向加厚草图。
- 为折弯半径 设定一数值。
⑤ 在"折弯系数"下选择一折弯系数类型。
- 如果选择了"K-因子"、"折弯系数"或"折弯扣除"，请输入一个数值。
- 如果选择了"折弯系数表"、"从清单中选择一折弯系数表"，则可选择"浏览"来浏览折弯系数表文件。

⑥ 在"自动切释放槽"下,选择一释放槽类型。如果选择了"矩形"或"矩圆形",则可进行以下设置。
- 勾选"使用释放槽比例"复选框,然后为比率设定一数值。
- 勾销"使用释放槽比例"复选框,然后为释放槽宽度 W 和释放槽深度 D 设定一数值。

⑦ 单击 ✓ 按钮。

3. 转折

转折工具可以通过从草图线生成两个折弯而将材料添加到钣金零件上。此草图必须只包含一根直线,直线不需要是水平线或垂直直线,折弯线长度不一定与正折弯的面的长度相同。在钣金零件上生成转折特征的操作如下。

① 在想生成转折的钣金零件的面上绘制一直线。此外,还可在生成草图前(但在选择基准面后)选择转折特征,一草图在基准面上打开。

② 单击钣金工具栏上的 ✎ 转折 图标,或者选择"插入"→"钣金"→"转折"命令。

③ 在图形区域中,为"转折固定面" ✎ 选择一个面。

④ 在"选择"项下,要编辑折弯半径,需勾销 ☐ 使用默认半径(U) 复选框,并在折弯半径 ✎ 文本框中输入新的值。

⑤ 在"转折等距"下进行以下设置。
- 在 ✎ 列表框的终止条件中选择一项目。
- 为等距距离 ✎ 设定一数值。
- 选择尺寸位置:外部等距 ✎、内部等距 ✎ 或总尺寸 ✎。
- 若要使转折的面保持相同长度,则勾选"固定投影长度"复选框。

⑥ 在"转折位置"下选择:折弯中心线 ✎、材料在内 ✎、材料在外 ✎ 或折弯向外 ✎。

⑦ 为"转折角度" ✎ 设定一数值。

⑧ 若使用默认折弯系数以外的其他项,则勾选 ☐ 自定义折弯系数(A) 复选框,然后设定一折弯系数类型和数值。

⑨ 单击 ✓ 按钮。

二、任务内容

设计如图 4-2 所示的卡扣零件。
通过本任务的练习,可以掌握以下知识和操作技能。
① 从展开状态生成钣金零件的方法。
② 基体法兰的建立。
③ 转折特征的建立。

三、思路分析

如图 4-2 所示零件是一个钣金零件,其设计意图如下:根据零件图的尺寸要求,选择从展开状态生成钣金零件的方法。可先在上视图基准面上绘制草图,然后利用基体法兰特征、转折特征生成零件,如图 4-3 所示。

SolidWorks 项目式应用教程

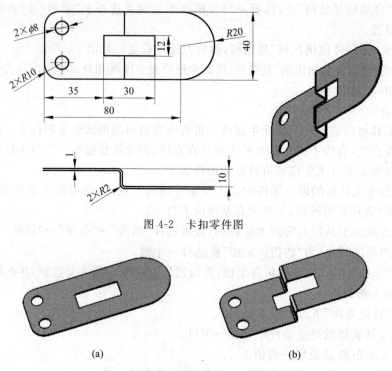

图 4-2 卡扣零件图

图 4-3 卡扣零件设计意图
(a) 建立基体法兰特征；(b) 建立转折特征

四、操作步骤

(1) 建立如图 4-4 所示的基体法兰特征。

① 进入 SolidWorks 2009 系统，单击 新建 图标，开启一个新的零件文档窗口。

② 单击 FeatureManager 设计树中的 上视基准面，再单击视图定向图标 后单击 草图绘制 图标，绘制草图 1，如图 4-5 所示。

图 4-4 建立基体法兰特征(一)

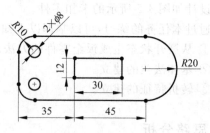

图 4-5 绘制草图 1(一)

③ 单击 基体法兰/薄片 图标，或选择"插入"→"钣金"→"基体法兰"命令，系统将在 PropertyManager 中弹出基体法兰特征对话框。如图 4-6 所示，在对话框的 文本框中输入 1mm，单击 按钮，完成基体法兰特征的建立。

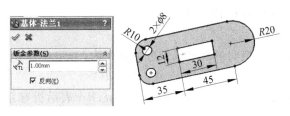

图 4-6 建立基体法兰特征参数设置（一）

（2）建立如图 4-7 所示的转折特征。

① 单击基体法兰特征上表面，再单击视图定向图标后单击 草图绘制 图标，绘制草图 2，如图 4-8 所示。

② 单击钣金工具栏上的 转折 图标，或选择"插入"→"钣金"→"转折"命令，系统将在 PropertyManager 中弹出基体转折特征对话框。在对话框的 中选入钣金零件上表面，勾销 使用默认半径(U)复选框，并在 文本框中输入 1mm，选择"给定深度"并在 文本框中输入 10mm，其他选项的设置如图 4-9 所示，单击 按钮，完成转折特征的建立。

图 4-7 建立转折特征

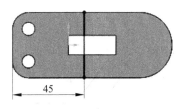

图 4-8 绘制草图 2（一）

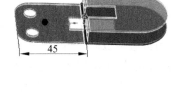

图 4-9 建立转折特征参数设置

（3）保存零件。

五、知识扩展

建立基体法兰特征以后，系统将零件标记为钣金零件，并同时在钣金零件中产生一些专门用于钣金零件的特征，这些特征用来定义零件的默认设置和控制零件。在设计钣金零件时，可以在 PropertyManager 设计树中右击钣金特征 钣金1，在右键快捷菜单中选择

"编辑定义"(🖉)命令来修改这些参数。

1. 折弯系数

用来决定折弯系数数值时的总平展长度的方程为：

$$L_t = A + B + BA$$

式中，L_t 表示总的平展长度；A 与 B 如图 4-10 所示；BA 表示折弯系数数值（可通过模具设计手册查得）。

2. 折弯扣除

用来决定折弯扣除数值时的总平展长度方程为：

$$L_t = A + B + DB$$

式中，L_t 表示总的平展长度；A 与 B 如图 4-11 所示；DB 表示折弯扣除数值（可通过模具设计手册查得）。

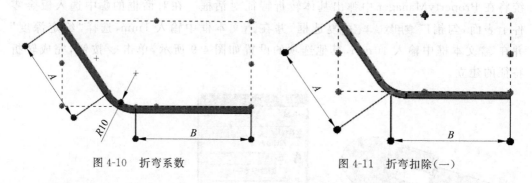

图 4-10 折弯系数　　　　　图 4-11 折弯扣除（一）

3. K-因子

K-因子为代表冲压板材中间层相对于钣金零件厚度的位置的比率。当选择 K-因子作为折弯系数时，可以指定 K-因子折弯系数表。SolidWorks 应用程序随附带 Microsoft Excel 格式的 K-因子折弯系数表格。

带 K-因子的折弯系数使用以下计算公式：

$$BA = \prod (R + KT)A/180$$

式中，BA 表示折弯系数数值；R 表示内侧折弯半径；K 表示 K-因子，即为 t/T；T 表示材料厚度；t 表示内表面到中性面的距离；A 表示折弯角度（经过折弯材料的角度），如图 4-12 所示。

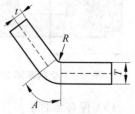

图 4-12 折弯扣除（二）

4. 设计门扣零件

设计如图 4-13 所示的门扣零件。

如图 4-13 所示零件是一个钣金零件，其设计意图如下：根据零件图的尺寸要求，选择从展开状态生成钣金零件的方法。可先在上视图基准面上绘制草图，然后利用基体法兰特征、转折特征生成零件，如图 4-14 所示。

注意：在建立转折特征时，要勾销 ☐ 固定投影长度(X) 复选框。

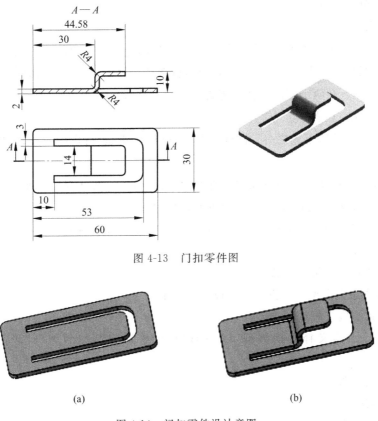

图 4-13 门扣零件图

(a)　　　　　　　　　　(b)

图 4-14 门扣零件设计意图
(a) 建立基体法兰特征；(b) 建立转折特征

任务二　电器外壳零件设计

一、知识与技能准备

1. 边线法兰

可将边线法兰添加到钣金零件的一条或多条边线。在钣金零件中生成边线法兰的操作如下。

(1) 单击钣金工具栏上的 边线法兰 图标,或选择"插入"→"钣金"→"边线法兰"命令。

(2) 设置法兰参数。

① 在边线法兰 PropertyManager 中的 中选入图形区域中一条或多条边线。

② 单击边线法兰 PropertyManager 中的 编辑法兰轮廓(E) ,编辑边线法兰轮廓草图。

③ 使用默认半径,或清除选择设置折弯半径 值,设定缝隙距离 值。

(3) 设置角度。

设置法兰角度 值,或在 中选入图形区域中一参照面,选中 与面垂直(N) 或

⊙ 与面平行(R) 单选按钮。

(4) 设置法兰长度。

① 在 🔧 中设置长度终止条件(选择一项)。反向 🔧 工具可更改法兰边线的方向。

② 对于长度 ✍ ，设定一个值。然后为测量选择一原点：外部虚拟交点 ✍ 或内部虚拟交点 ✍ (虚拟交点在两个草图实体的虚拟交叉点处生成一草图点)。

(5) 设置法兰位置。

① 折弯位置选取下述之一：材料在内 🔲 、材料在外 🔲 、折弯向外 🔲 、虚拟交点中的折弯 🔲 。

② 剪裁侧边折弯。如要移除邻近折弯的多余材料，勾选 ☑ 剪裁侧边折弯(T) 复选框（当一斜接法兰折弯接触一现有折弯时，多余的材料将显示）。

③ 等距。选择以等距法兰。在 🔧 中为等距终止条件中选择一项目，在 ✍ 中为等距距离设定一个值。

(6) 设置自定义折弯系数。

设定折弯系数类型并为折弯系数设定一数值。

(7) 设置自定义释放槽类型。

选择一个自定义释放槽类型，以添加"释放槽切除"，然后选择"释放槽切除"的类型。

(8) 单击 ✔ 按钮。

2. 斜接法兰

斜接法兰特征可将一系列法兰添加到钣金零件的一条或多条边线上。生成斜接法兰特征的操作如下。

(1) 生成一个符合以下标准的草图。

① 草图可包括直线或圆弧。圆弧不能与厚度边线相切；圆弧可与长边线相切，或通过在圆弧和厚度边线之间放置一段小的草图直线。

② 斜接法兰轮廓可以包括一条以上的连续直线，例如它可以是 L 形轮廓。

③ 草图基准面必须垂直于生成斜接法兰的第一条边线。

此外，可在生成草图前（但在选择基准面后）选择斜接法兰特征。当选择斜接法兰特征时，一草图在基准面上打开。

(2) 选择草图后，单击钣金工具栏中的 🔧 斜接法兰 ，或选择"插入"→"钣金"→"斜接法兰"命令。在斜接法兰 PropertyManager 中为沿边线 🔧 显示所绘制的边线，图形区域中还有斜接法兰的预览。

若要选择与所选边线相切的所有边线，则单击所选边线中点处出现的延伸 🔧 图标。

(3) 设置斜接参数。

① 若选择"默认折弯半径"以外的选项，勾销"使用默认半径"复选框后设定折弯半径 🔧 。

② 将法兰位置设置为材料在内▣、材料在外▣或折弯向外▣。

③ 勾选 ▣ 剪裁侧边折弯(T) 复选框来移除邻近折弯的多余材料。

④ 设置间隙距离 ▣ 以使用默认间隙以外的间隙。

（4）如有必要，为部分斜接法兰指定等距距离。

① 在"启始/结束处等距"下为"开始等距距离"和"结束等距距离"设定数值（若想使斜接法兰跨越模型的整个边线，则将这些数值设置为零）。

② 勾选"自定义释放槽类型"复选框，然后选择以下释放槽类型之一：矩形、撕裂形或矩圆形。若选择了矩形或矩圆形，勾选"使用释放槽比例"复选框后为"比率"设定一数值。或勾销 ▣ 使用释放槽比例(E) 复选框，然后为释放槽宽度▣和释放槽深度▣设定一数值。

③ 如要选择"默认折弯系数"以外的其他选项，勾选"自定义折弯系数"复选框，然后设定一折弯系数类型和数值。

（5）单击 ✓ 按钮。

3. 钣金薄片

系统会自动将薄片特征的深度设置为钣金零件的厚度。至于深度的方向，系统会自动将其设置为与钣金零件重合，从而避免实体脱节。薄片草图包括如下属性。

① 草图可以是单一闭环、多重闭环或多重封闭轮廓。

② 草图必须位于垂直于钣金零件厚度方向的基准面或平面上。

③ 可以编辑草图，但不能编辑定义。其原因是已将深度、方向及其他参数设置为与钣金零件参数相匹配。

在钣金零件中生成薄片特征的操作如下。

① 在符合上述要求的基准面或平面上生成草图。

② 单击钣金工具栏上的 ▣ 基体法兰/薄片 图标，或选择"插入"→"钣金"→"薄片"命令，图标随即会添加到钣金零件中。系统会自动设置图标的深度及方向，以使之与基体法兰特征的参数相匹配。

4. 成形工具

成形工具可以用做折弯、伸展或成形钣金的冲模，生成一些成形特征，例如百叶窗、矛状器具、法兰和筋。成形工具只能应用到钣金零件，需要时可以从设计库▣插入。将成形工具应用到钣金零件的方法如下。

① 打开钣金零件，然后单击设计库▣，浏览到设计库中包含成形工具的文件夹。

② 将成形工具从设计库拖动到想改变形状的钣金零件面上。

注意：应用成形工具的面与成形工具自身的结束曲面相对应。默认情况下，工具向下行进。材料在工具接触面时变形。

③ 按 Tab 键来更改行进方向并接触材质的另一侧。

④ 通过标注尺寸、添加几何关系或修改方向草图来找出成形工具。当添加尺寸时，方向草图作为单个实体移动，仅控制其位置尺寸而不控制其形状尺寸。

⑤ 在放置成形特征对话框中单击"完成"按钮。

二、任务内容

设计如图 4-11 所示的电器外壳零件。

通过本任务练习,可以掌握以下知识和操作技能。

① 从展开状态生成钣金零件的方法。
② 斜接法兰的建立。
③ 边线特征的建立。
④ 薄片特征的建立。
⑤ 利用成形工具生成零件。

三、思路分析

如图 4-15 所示零件是一个钣金零件,其设计意图如下:根据零件图的尺寸要求,选择从展开状态生成钣金零件的方法。可先在前视图基准面上绘制草图,然后利用基体法兰特征、斜接特征、边线法兰特征、薄片特征、成形工具生成零件,如图 4-16 所示。

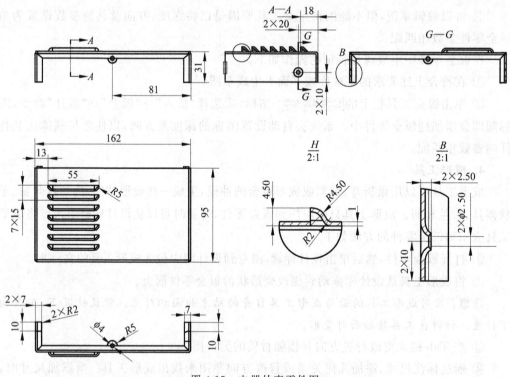

图 4-15 电器外壳零件图

项目四 钣金零件设计

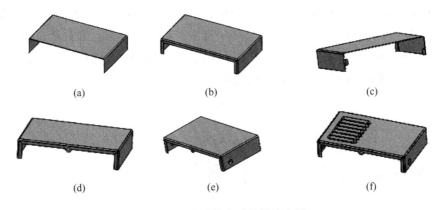

图 4-16 电器外壳零件设计意图
(a) 建立基体法兰特征；(b) 建立斜接法兰特征；(c) 建立边线法兰特征；
(d) 建立薄片特征；(e) 建立成形工具特征并镜像；(f) 建立成形工具特征并阵列

四、操作步骤

(1) 建立如图 4-17 所示的基体法兰特征。

① 进入 SolidWorks 2009 系统，单击 新建 图标，开启一个新的零件文档窗口。

② 单击 FeatureManager 设计树中的 前视基准面，再单击视图定向图标 后单击 草图绘制 图标，绘制草图 1，如图 4-18 所示。

③ 单击钣金工具栏上的 基体法兰/薄片 图标，或选择"插入"→"钣金"→"基体法兰"命令，系统将在 PropertyManager 中弹出基体法兰特征对话框。如图 4-19 所示，在对话框的 文本框中输入 1mm，单击 按钮，完成基体法兰特征的建立。

图 4-17 建立基体法兰特征（二）

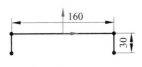

图 4-18 绘制草图 1（二）

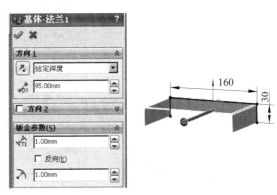

图 4-19 建立基体法兰特征参数设置（二）

(2) 建立如图 4-20 所示的斜接法兰特征。

① 单击基体法兰特征一侧底面，再单击视图定向图标 后单击 草图绘制 图标，绘制草图 2，如图 4-21 所示。

② 单击钣金工具栏上的 斜接法兰 图标，或选择"插入"→"钣金"→"斜接法兰"命令，系统将在 PropertyManager 中弹出基体斜接法兰特征对话框。在对话框的 中选入基体法兰一侧的边线，在缝隙距离 文本框中输入 0.25mm，其他选项的设置如图 4-22 所示，单击 按钮，完成斜接法兰特征的建立。

图 4-20　建立斜接法兰特征

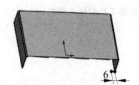

图 4-21　绘制草图 2(二)

图 4-22　建立斜接法兰特征参数设置

(3) 建立如图 4-23 所示的边线法兰特征。

① 单击钣金工具栏上的 草图绘制 图标，或选择"插入"→"钣金"→"边线法兰"命令，系统将在 PropertyManager 中弹出基体边线法兰特征对话框。在对话框的 中选入基体法兰另一侧的边线，在法兰长度 文本框中输入 3mm，其他选项的设置如图 4-24 所示，单击 按钮，建立边线法兰特征。

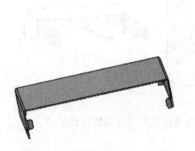

图 4-23　建立边线法兰特征

图 4-24　建立边线法兰特征参数设置

② 编辑边线法兰特征所生成的草图 3，如图 4-25 所示。关闭草图 3，完成一侧边线法兰特征的建立。

③ 重复步骤①与步骤②,编辑边线法兰特征所生成的草图 4,如图 4-26 所示。关闭草图 4,完成另一侧边线法兰特征的建立。

图 4-25 边线法兰特征草图 3

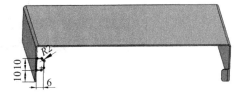
图 4-26 边线法兰特征草图 4

(4) 在斜接法兰上建立薄片特征,结果如图 4-27 所示。

① 单击斜接法兰特征内侧面,再单击视图定向图标 ↓ 后单击 [🖉 草图绘制 图标,绘制草图 5,如图 4-28 所示。

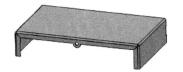
图 4-27 建立薄片特征

图 4-28 绘制草图 5

② 不关闭草图 5 或激活草图 5,单击钣金工具栏上的 基体法兰/薄片 图标,或选择"插入"→"钣金"→"基体法兰/薄片"命令,生成薄片特征。

③ 单击实体特征工具栏上的 拉伸切除 后单击薄片特征外表面,进入草图绘制状态。单击视图定向图标 ↓ 后,绘制草图 6,如图 4-29 所示。

④ 关闭草图 5,在 PropertyManager 中弹出的基体拉伸(切除)特征对话框的"拉伸终止条件中"中选择"从草图基准面完成贯穿",完成薄片孔的建立。

(5) 建立零件侧面的成形工具特征 1,结果如图 4-30 所示。

图 4-29 绘制草图 6

图 4-30 建立成形工具特征 1

① 单击任务窗格中设计库 图标,在弹出的设计库列表 Design Library 中,浏览到成形工具 forming tools / embosses /counter sink emboss.sldprt,并用鼠标双击,counter sink emboss.sldprt 零件图打开。修改其形状尺寸至符合图样要求,在此目录下另存为一个文件。

② 用鼠标拖动修改过的 counter sink emboss.sldprt 到零件一侧面,系统将弹出放置成形特征 1 对话框,如图 4-31 所示。

③ 此时,系统进入草图绘制状态。单击草图绘制工具栏中的 智能尺寸,标注成形特

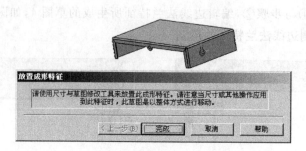

图 4-31 放置成形特征 1 对话框

征 1 的位置尺寸,如图 4-32 所示。

④ 单击放置成形特征对话框中的 完成 按钮,counter sink emboss 成形特征生成。

⑤ 单击建立实体特征工具条中的 镜向 图标,移动鼠标在 PropertyManager 的镜像特征对话框的 中选入 右视基准面 作为镜像面,在 中选入 counter sink emboss 成形特征,单击 ✓ 按钮,完成其镜像特征的建立。

(6) 建立零件顶面的成形工具特征 2,结果如图 4-33 所示。

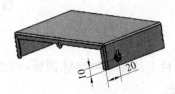

图 4-32 成形特征 1 位置尺寸

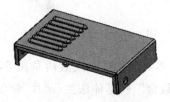

图 4-33 建立成形工具特征 2

① 单击任务窗格中的设计库 图标,在弹出的设计库列表 Design Library 中,浏览到成形工具 forming tools / louvers /louver.sldprt,并用鼠标双击,louver.sldprt 零件图打开。修改其形状尺寸至符合图样要求,在此目录下另存为一个文件。

② 用鼠标拖动修改过的 louver.sldprt 到零件顶面,系统将弹出放置成形特征 2 对话框,如图 4-34 所示。

③ 此时,系统进入草图绘制状态。单击草图绘制工具栏中的 智能尺寸 图标,标注成形特征 2 的位置尺寸,如图 4-35 所示。

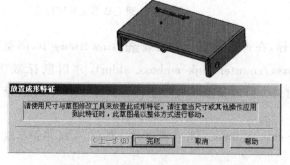

图 4-34 放置成形特征 2 对话框

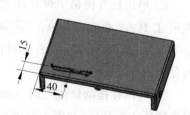

图 4-35 成形特征 2 位置尺寸

④ 单击放置成形特征对话框中的 完成 按钮,louver 成形特征生成。

⑤ 单击建立实体特征工具条中的 线性阵列 图标,移动鼠标在 PropertyManager 的阵列(线性)特征对话框的 中选入边线,在 文本框输入距离 10mm,在 中选入 louver 成形特征,如图 4-36 所示,单击 按钮,完成其阵列特征的建立。

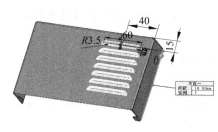

图 4-36　阵列特征参数设置

(7) 保存零件。

五、知识扩展

1. 生成成形工具

可以生成成形工具并将它们添加到钣金零件。生成成形工具时,将添加定位草图,以确定成形工具在钣金零件上的位置;应用颜色(如红色),以区分停止面和要移除的面。

生成成形工具的许多步骤与用以生成 SolidWorks 零件的步骤相同。如果将成形工具添加到除 forming tools(成形工具)以外的文件夹,则必须右击文件夹后选择"成形工具文件夹"命令来指定其内容为成形工具。

生成成形工具的操作如下。

① 生成并保存零件。

② 单击钣金工具栏图标 成形工具 ,或选择"插入"→"钣金"→"成形工具"命令。

③ 在 PropertyManager 中选择一个面作为停止面,选择一个或多个面作为要移除的面。

④ 单击 按钮,生成成形工具。

2. 展开

展开是指在钣金零件中展开折弯。可以用下列方法展开钣金零件中的折弯。

(1) 要展开整个钣金零件,如果 FeatureManager 设计树中的 平板型式 特征存在,则解除压缩( ) 平板型式,或单击钣金工具栏上的 展开 图标。当 平板型式 解除压缩后,折弯线默认为显示;若要隐藏折弯线,则展开 平板型式,右击 (-)折弯-线,然后选择"隐藏 "命令。

(2) 要展开整个钣金零件,如果 FeatureManager 设计树中的 加工-折弯 特征存在,则解除压缩（ ）加工-折弯，或单击钣金工具栏上的 展开 图标。

（3）要展开一个或多个单个折弯，添加一 展开 特征。添加展开特征的方法如下：

① 在钣金零件中，单击钣金工具栏上的 展开 图标，或选择"插入"→"钣金"→"展开"命令。

② 在图形区域为固定面 选择一个不因为特征而移动的面。

③ 选择一个或多个折弯作为要展开的折弯 ，或选择收集所有折弯来选择零件中所有合适的折弯。

④ 单击 按钮，所选的折弯展开。

3. 折叠

折叠是指在钣金零件中折叠展开的折弯，适用于用 展开 特征展开的钣金零件。添加折叠特征的方法如下：

① 在钣金零件中，单击钣金工具栏上的 折叠 图标，或选择"插入"→"钣金"→"折叠"命令。

② 在图形区域为固定面 选择一个不因为特征而移动的面。

③ 选择一个或多个折弯作为要折叠的折弯 ，或选择收集所有折弯来选择零件中所有合适的折弯。

④ 单击 按钮，所选的折弯折叠。

4. 褶边

褶边 工具可将褶边添加到钣金零件的所选边线上，所选边线必须为直线，斜接边角被自动添加到交叉褶边上。如果选择多个要添加褶边的边线，则这些边线必须在同一个面上。生成褶边特征的方法如下：

（1）在打开的钣金零件中，单击钣金工具栏上的 褶边 图标，或选择"插入"→"钣金"→"褶边"命令。

（2）在图形区域中选择要添加褶边的边线，所选边线出现在边线 中。

（3）在 PropertyManager 中，在"边线"下进行相应设置。

① 选择材料在内 或折弯在外 来指定要添加褶边的位置。

② 单击反向图标 ，在零件的另一边生成褶边。

（4）在"类型"和"大小"下，单击其中一褶边类型：闭合 和其长度 、开环 和其长度 或间隙距离 、撕裂形 和其角度 、滚轧 和其半径 。

（5）在"斜接缝隙"下，如果零件有交叉褶边，设定切口缝隙 。斜接边角被自动添加到交叉褶边上，并可设定这些褶边之间的缝隙。

（6）如要选择"默认折弯系数"以外的其他项目，勾选 自定义折弯系数(A) 复选框，然后设定一折弯系数类型和数值。

（7）单击 按钮。

5. 设计合叶零件

设计如图 4-37 所示的合叶零件。

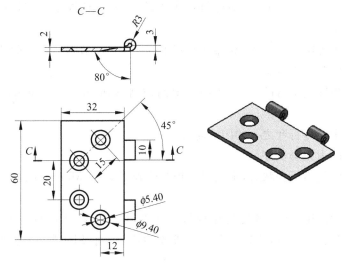

图 4-37 合叶零件图

如图 4-37 所示合叶零件是一个钣金零件,其设计意图如下:根据零件图的尺寸要求,选择从展开状态生成钣金零件的方法。可先在上视图基准面上绘制草图,然后利用基体法兰特征、异型孔特征、薄片特征、褶边特征生成零件,如图 4-38 所示。

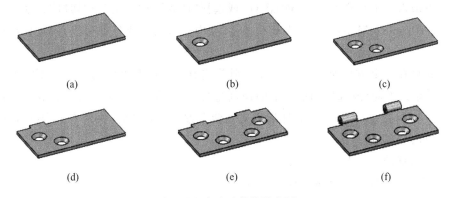

图 4-38 合叶零件设计意图
(a) 建立基体法兰特征;(b) 建立孔特征;(c) 孔特征阵列;
(d) 建立薄片特征;(e) 孔与薄片特征镜像;(f) 建立褶边特征

任务三 工具箱零件设计

一、知识与技能准备

1. 生成具有相等厚度的零件并将其转换到钣金

① 建立实体零件。使用"基体-拉伸"工具生成一个块。

② 生成薄壳零件。将块抽壳以使零件厚度相等,并选择移除面。

③ 单击钣金工具栏上的 切口 图标,或选择"插入"→"钣金"→"切口"命令,将块在薄片边线之间切口。

④ 将零件转换到钣金。单击钣金工具栏上的 插入折弯 图标,或选择"插入"→"钣金"→"折弯"命令,将零件转换到钣金。

⑤ 若想制作穿过折弯的切除,可拖动退回控制棒到 FeatureManager 设计树中的加工-折弯特征前。

⑥ 绘制一个穿过折弯之一的闭环轮廓。

⑦ 拉伸切除为完全贯穿。

⑧ 将零件恢复为折叠状态,拖动退回控制棒到 FeatureManager 设计树底部。

2. 切口

切口特征通常用于由壳体零件生成钣金零件,但也可将切口特征添加到任何零件。生成切口特征的方法有:沿所选内部或外部模型边线,通过模型边线绘制单一线性草图实体。

生成切口特征的方法如下。

① 生成一个具有相邻平面且厚度一致的零件,这些相邻平面形成一条或多条线性边线或一组连续的线性边线。

② 通过同一平面上的两个顶点绘制单一线性实体。

③ 单击钣金工具栏上的 切口 图标,或选择"插入"→"钣金"→"切口"命令。

④ 在 PropertyManager 中,在切口参数 中选入内部或外部边线,或选择线性草图实体。

⑤ 若只在一个方向插入一个切口,则单击在 下要切口的边线名称,然后单击 改变方向(C) 来改方向(或选择图形区上的预览箭头)。每次单击 改变方向(C) 时,切口方向都切换到一个方向,接着是另一方向,然后返回到两个方向。默认时,在两个方向插入切口。

⑥ 单击 ✓ 按钮。

3. 插入折弯

插入折弯,从现有零件生成钣金零件。

(1) 绘制草图轮廓来生成一个零件,然后将其拉伸为薄片特征。

(2) 单击钣金工具栏上的 插入折弯 图标,或选择"插入"→"钣金"→"折弯"命令。

(3) 在 PropertyManager 中的"折弯参数"下进行相应设置。

① 选择模型上的固定面,零件展开时该固定面的位置保持不变。固定边线的名称会显示在固定的面或边线 方框中。

② 输入折弯半径 值。

(4) 在"折弯系数"下选择 K-因子、折弯系数和折弯扣除等选项。

(5) 如果选择了 K-因子、折弯系数或折弯扣除,则输入数值。

(6) 若要释放槽切除被自动地添加,则勾选 自动切释放槽(T) 复选框,然后选择释放槽切除的类型。若选择矩形或矩圆形,则必须指定一个释放槽比例。

(7) 单击 ✓ 按钮。

4. 绘制的折弯

可使用绘制的折弯特征在钣金零件处于折叠状态时将折弯线添加到零件,这可将折弯线的尺寸标注到其他折叠的几何体。绘制的折弯特征常与薄片特征一起使用来折弯薄片。

注意：在绘制的折弯特征草图中只允许使用直线,可为每个草图添加多条直线。折弯线长度不一定与正折弯的面的长度相同。

生成绘制的折弯特征的方法如下。

① 在钣金零件的平面上绘制一直线。此外,可在生成草图前(但在选择基准面后)选择绘制的折弯特征。当选择绘制的折弯特征时,一草图在基准面上打开。

② 单击钣金工具栏上的 绘制的折弯 图标,或者单击"插入"→"钣金"→"绘制的折弯"命令。

③ 在图形区域中为固定面 选择一个不因为特征而移动的面。

④ 单击折弯中心线 、材料在内 、材料在外 、折弯向外 的折弯位置。

⑤ 为折弯角度设定一数值,如有必要,单击反向图标 。

⑥ 若使用默认折弯半径以外的其他半径,则勾销"使用默认半径"复选框,然后设置折弯半径 。

⑦ 若选择"默认折弯系数"以外的其他选项,则勾选 自定义折弯系数(A) 复选框,然后设定折弯系数类型和数值。

⑧ 单击 按钮。

5. 断开边角/边角剪裁

(1) 断开边角。随折叠的钣金零件使用 断开边角/边角剪裁 工具。在断开边角 PropertyManager 中进行以下设定。

① 边角边线和/或法兰面 。选择要断开的边角边线或法兰面,可同时选择两者。

② 断开类型。选择其中一选项：倒角 和距离 、圆角 和半径 。

(2) 边角剪裁。随平展的钣金零件使用 边角剪裁 工具。在边角剪裁 PropertyManager 中进行以下设定。

① 边角边线 。选择要应用释放槽切割的边角边线。

② 聚集所有边角 。单击选择所有内边角。

③ 释放槽。选取其中一选项：圆形、方形、折弯形。

④ 如果释放槽设定到圆形或折弯腰,则为半径 设定数值;若设定到方形,则为侧边长度 设定数值。

⑤ □ 在折弯线上置中(C) 。在释放槽设定到圆形或方形时,添加相对于折弯线而置中的边角切割。

⑥ □ 与厚度的比例(A) 。在半径或距离及钣金厚度之间设定比率,该比率使用为半径或距离所设定的值。若想更改半径或距离,则勾销此复选框。

⑦ □ 与折弯相切(T) 。添加在选取了"在折弯线上置中"时与折弯线相切的边角切割。

⑧ □ 添加圆角边角。添加带有用户定义半径 的圆角到所选边角边线。

(3) 为展开的零件添加或减除材料。

在边角剪裁 PropertyManager 中的"断开边角"选项下,进行以下设定。

① 选择边角边线和/或法兰面 。

② 单击"聚集所有边角"("聚集所有边角"仅在展开的状态下可用)。

③ 勾选或勾销 □ 仅内部边角(N) 复选框。

④ 选择断开类型。选择其中一选项：倒角 和距离 、圆角 和半径 。

⑤ 单击 按钮。

二、任务内容

建立如图 4-39 所示的工具箱零件。

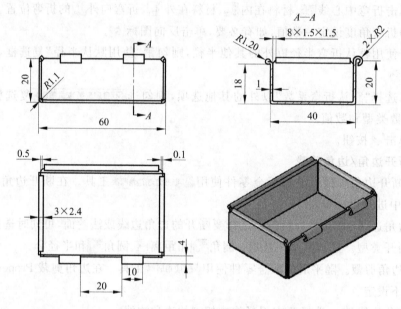

图 4-39 工具箱零件图

通过本任务的练习,可以掌握以下知识和操作技能。

① 从生成具有相等厚度的零件并将其转换到钣金零件的方法。

② 插入折弯特征的建立。

③ 断开边角特征的建立。

④ 褶边特征的建立。

⑤ 绘制折弯特征的建立。

⑥ 钣金零件的展开与折叠。

三、思路分析

如图 4-39 所示零件是一个钣金零件,其设计意图如下：根据零件图的尺寸要求,选择从生成具有相等厚度的零件并将其转换到钣金零件的方法设计。可先建立拉伸实体特征与抽壳特征,然后利用切口特征、插入折弯特征将实体零件转换为钣金零件,再利用断开边角特征、褶边特征、钣金零件的展开与折叠特征、绘制折弯特征生成零件,如图4-40所示。

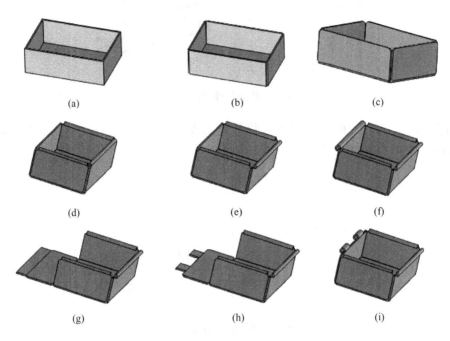

图4-40　工具箱零件设计意图

(a) 建立拉伸特征并抽壳；(b) 建立切口特征并插入折弯特征；(c) 建立断开边角特征；
(d) 建立褶边特征1；(e) 建立绘制折弯特征；(f) 建立褶边特征2；
(g) 建立展开特征；(h) 建立切除特征；(i) 建立折叠特征

四、操作步骤

(1) 建立如图4-41所示的薄壳零件。

① 进入 SolidWorks 2009 系统,单击 新建 图标,开启一个新的零件文档窗口。

② 单击实体特征工具栏上的 拉伸凸台/基体 图标,再单击设计树中的 前视基准面,系统进入草图绘制状态。

③ 绘制草图1并退出草图绘制状态,系统将在PropertyManager中弹出基体拉伸特征对话框。如图4-42所示,在对话框"方向1"中选择拉伸条件为从草图基准面两侧对称,在 文本框中输入40mm,单击 按钮,完成拉伸特征的建立。

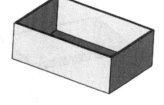

图4-41　薄壳零件图

④ 单击实体特征工具栏上的 抽壳 图标,系统将在PropertyManager中弹出基体抽

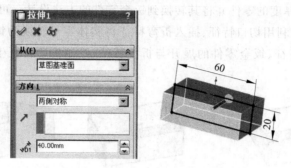

图 4-42　建立拉伸特征参数设置

壳特征对话框。在对话框的 ▢ 中选入拉伸体上表面,在 ▢ 文本框中输入壳厚 1mm,如图 4-43 所示,单击 ✓ 按钮,完成抽壳特征的建立。

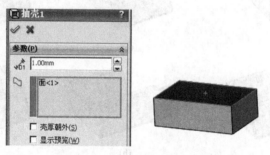

图 4-43　建立抽壳特征参数设置

(2) 建立如图 4-44 所示的切口特征。

单击钣金工具栏上的 ▢ 切口 图标或选择"插入"→"钣金"→"切口"命令,系统将在 PropertyManager 中弹出基体切口特征对话框。如图 4-45 所示,在对话框的 ▢ 中选入薄壳边线,在 ▢ 文本框中输入 0.1mm,单击 ✓ 按钮,完成切口特征的建立。

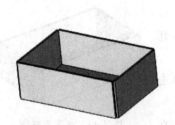

图 4-44　建立切口特征

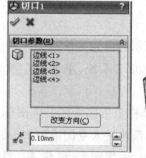

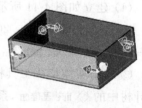

图 4-45　建立切口特征参数设置

(3) 将实体零件转换成钣金零件。

单击钣金工具栏上的 ▢ 插入折弯 图标,或选择"插入"→"钣金"→"插入折弯"命令,系统将在 PropertyManager 中弹出基体折弯特征对话框。如图 4-46 所示,在对话框的 ▢ 选入薄壳内底面,在 文本框中输入 0.1mm,勾选 ☑ **自动切释放槽(T)** 复选框,单击 ✓ 按钮,完成折弯特征的建立。

(4) 建立如图 4-47 所示的断开边角特征。

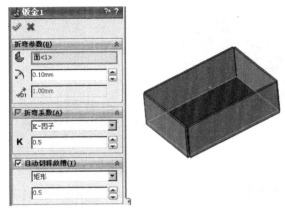

图 4-46　建立折弯特征参数设置　　　　图 4-47　建立断开边角特征

单击钣金工具栏上的 **断开边角/边角剪裁** 图标,或选择"插入"→"钣金"→"断开边角"命令,系统将在 PropertyManager 中弹出基体断开边角特征对话框。如图 4-48 所示,在对话框的 中选入边线,单击倒角 ,在 文本框中输入 1.50mm,单击 ✓ 按钮,完成断开边角特征的建立。

(5) 建立如图 4-49 所示的褶边特征 1。

图 4-48　建立断开边角特征参数设置　　　图 4-49　建立褶边特征 1

单击钣金工具栏上的 **褶边** 图标,或选择"插入"→"钣金"→"褶边"命令,系统将在 PropertyManager 中弹出基体褶边特征对话框。如图 4-50 所示,在对话框的 中选入褶边边线,单击 、,在 文本框中输入 270,在 文本框中输入 0.2 mm,单击 ✓ 按钮,完成褶边特征 1 的建立。

(6) 建立如图 4-51 所示的绘制折弯特征。

① 单击钣金工具栏上的 **绘制折弯** 图标,或选择"插入"→"钣金"→"绘制的折弯"命令,并在绘图区选择薄壳零件要折弯的平面,系统进入草图绘制状态。

  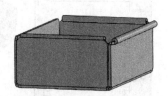

图 4-50　建立褶边特征 1 参数设置　　　　图 4-51　建立绘制折弯特征

② 绘制草图 2 并关闭草图绘制状态，系统将在 PropertyManager 中弹出基体绘制的折弯特征对话框。如图 4-52 所示，在对话框的 ⌘ 中选入薄壳绘图面，单击 ⌘，在 ⌘ 文本框中输入 90，单击 ✓ 按钮，完成绘制的折弯特征的建立。

（7）建立如图 4-53 所示的褶边特征 2。

  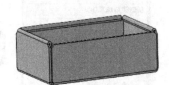

图 4-52　建立绘制折弯特征参数设置　　　　图 4-53　建立褶边特征 2

单击钣金工具栏上的 ⌘ 褶边 图标，或选择"插入"→"钣金"→"褶边"命令，系统将在 PropertyManager 中弹出基体褶边特征对话框。如图 4-54 所示，在对话框的 ⌘ 中选入褶边边线，单击 ⌘、⌘，在 ⌘ 文本框中输入 270，在 ⌘ 文本框中输入 1.0mm，单击 ✓ 按钮，完成褶边特征 2 的建立。

（8）建立如图 4-55 所示的拉伸切除特征。

① 单击钣金工具栏上的 ⌘ 展开 图标，或选择"插入"→"钣金"→"展开"命令，系统将在 PropertyManager 中弹出基体展开特征对话框。如图 4-56 所示，在 ⌘ 中选入零件底面，在 ⌘ 中选入要展开的折弯，单击 ✓ 按钮，完成展开特征的建立。

项目四　钣金零件设计

图 4-54　建立褶边特征 2 参数设置

图 4-55　建立拉伸切除特征(一)

图 4-56　建立展开特征参数设置

② 单击实体特征工具栏上的 拉伸切除图标,再单击展开的钣金零件上表面,系统进入草图绘制状态,绘制草图,如图 4-57 所示。

③ 退出草图绘制状态,系统将在 PropertyManager 中弹出基体拉伸特征对话框。在对话框"方向 1"中选择拉伸条件为从草图基准面完成贯穿,单击 按钮,完成拉伸切除特征的建立,如图 4-58 所示。

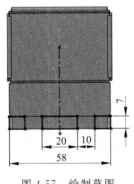
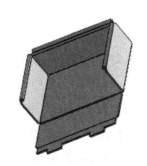

图 4-57　绘制草图　　　　　　　　　　图 4-58　建立拉伸切除特征(二)

(9) 建立如图 4-59 所示的折叠特征。

单击钣金工具栏上的 折叠 图标，或选择"插入"→"钣金"→"折叠"命令，系统将在 PropertyManager 中弹出基体折叠特征对话框。如图 4-60 所示，在 中选入零件底面，在 中选入要折叠的折弯，单击 按钮，完成折叠特征的建立。

图 4-59　建立折叠特征　　　　　　　图 4-60　建立折叠特征参数设置

五、知识扩展

1. 实体零件转换成钣金零件

使用"转换到钣金"命令可将指定的实体零件转换成具有一定角度、折弯和切口的钣金零件。将实体零件转换成钣金零件的操作如下。

① 创建如图 4-61 所示的实体零件。

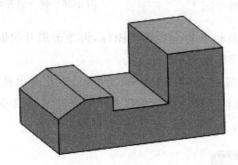

图 4-61　实体零件

② 单击钣金工具栏中的 转换到钣金 图标，或"插入"→"钣金"→"转换到钣金"命令。

③ 在 PropertyManager 中，在钣金参数 中选入零件上面作为钣金零件的固定面，设定钣金厚度 为 1.0mm 和折弯半径 为 1.0mm。

④ 在"折弯边线"下的 中选入要形成折弯的模型边线，如图 4-62 所示。

所需切口会被自动选取，并在"找到切口边线"下列出。在图形区域中，标注即会附加到折弯和切口边线，可以使用标注更改折弯半径和切口缝隙。

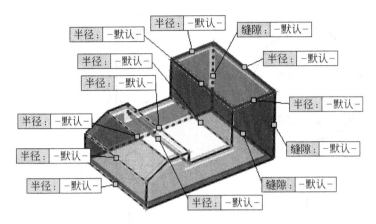

图 4-62　选择转换实体到钣金固定面及折弯边线

注意：要恢复默认值，可右击折弯边线或切口边线并选择"恢复默认值"命令。

⑤ 要为插入的折弯添加释放槽切除。

可在"自动切释放槽"下选择释放槽切除类型：矩形、撕裂形或矩圆形。撕裂形释放槽是插入折弯所需的最小尺寸；如果选择矩形或矩圆形，请指定释放槽比例。

⑥ 单击 ✅ 按钮，实体转换成钣金零件，如图 4-63 所示。

⑦ 单击钣金工具栏的 展开 图标，展开的钣金零件如图 4-64 所示。

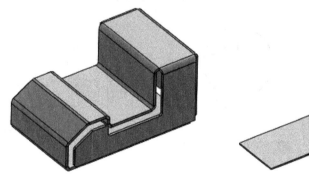
图 4-63　实体转换成钣金零件

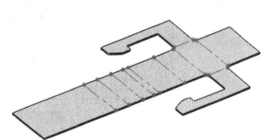
图 4-64　展开的钣金零件

展开后的钣金零件可以使用钣金工具栏中的折弯、绘制折弯和折叠工具，生成新的钣金零件。

2. 设计卡环零件

设计如图 4-65 所示的卡环零件。

如图 4-65 所示卡环零件是一个钣金零件，其设计意图如下：根据零件图的尺寸要求，选择从实体转换成钣金零件的方法。可先建立一薄壁零件，然后利用折弯特征、孔特征、边线法兰特征、切除特征生成零件，如表 4-1 所示。

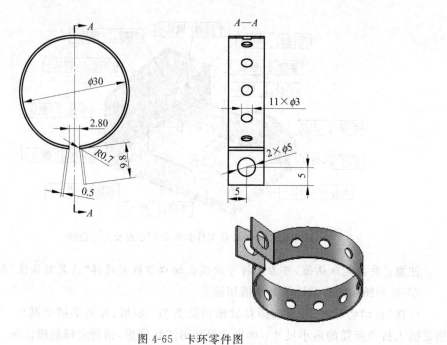

图 4-65 卡环零件图

表 4-1 卡环零件设计意图

特　征	草图、参数、实体或钣金
拉伸凸台/基体	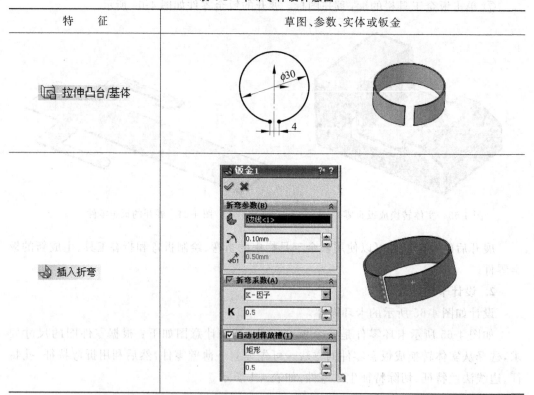
插入折弯	

续表

特　征	草图、参数、实体或钣金
展开	
拉伸切除	5, φ3, 5
线性阵列	5, φ3, 5　方向一　间距 8.00mm　实例 11
展开	
边线法兰	法兰参数(P)　边线<1>　边线<2>　编辑法兰轮廓(E)　使用默认半径(U)　0.20mm　1.00mm　角度(G)　90.00deg　与面垂直(N)　与面平行(R)　覆盖数值(O)　法兰长度(L)　给定深度　10.00mm
拉伸切除	φ5, 5, 5

练习题四

建立如图 4-66 所示的钣金零件。

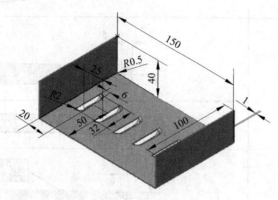

图 4-66 钣金零件图

项目五

装配体设计

任何产品都是由若干零件或若干部件按照一定的装配关系和要求装配起来的。这些零部件之间通过配合关系来确定相互位置和限制运动。

SolidWorks 2009 软件有自下而上和自上而下两种装配方法来完成产品的设计。

自下而上的装配设计方法：利用已经建好的零件模型，根据它们相应的位置和约束关系，将它们装配成产品。若想更改零件，必须单独编辑零件。

自上而下的装配设计方法：在装配体的关联环境中建立新零件，当一个零件的参数发生改变，其他零件的关联参数也会随之改变。

装配体的文档名称扩展名为".sldasm"。

知识与技能目标

能够用已经建好的零件模型，灵活运用 SolidWorks 软件提供的功能与命令建立装配体；了解在装配体的关联环境中建立关联零件。

任务一 千斤顶的装配（自下而上）

一、知识与技能准备

1. 零部件的插入

SolidWorks 2009 提供了以下几种零件插入方法。

① 在零件模式下，选择"文件"→"从零件制作装配体"命令，此时新装配体文件打开。再选择"视图"→"原点"命令，在图形区域中显示原点，单击等轴测 ，在 PropertyManager 中的"选项"下选择图形预览，将指针移到原点上。当指针变成 时，表示插入零件的原点与装配体原点重合，单击放置该零件。

当用这种方法放置零件时，零件原点与装配体原点重合，零件和装配体的基准面对正。该方法可帮助确定装配体的起始方位，一般第一个零件（基础件）的插入多用这种方法。

② 在装配体模式下，单击插入零部件图标 （装配体工具栏），在"要插入的零件/装配体"下单击"浏览"按钮，然后选择需要插入的零件，单击"打开"按钮，在图形区域较合适位置单击以放置零部件，单击 按钮。

在 PropertyManager 中,单击 变成 ,这可使 PropertyManager 保持可见,以便不必重新打开 PropertyManager 就可重复插入一个以上零部件。

③ 将零部件添加到装配体的另一方法是:将它们从 Windows 资源管理器拖入装配体中。可以打开资源管理器,浏览目标文件夹,然后将需要插入的零件拖动到装配体的图形区域中。

2. 零部件的配合

在装配体中添加零件的配合时,通过对零件六个自由度的约束,可以控制零件相对装配体或相应零件的位置。

零部件配合的操作如下:单击装配体工具栏中的 配合 图标,或选择"插入"→"配合"命令。在 PropertyManager 中的"配合选择"的 中,为要配合的实体选择想配合在一起的面、边线、基准面等。配合弹出工具栏出现,带有被选择的默认配合,且零部件移动到位以预览配合。以上情况在勾选了 PropertyManager 中"选项"下的"显示弹出对话"和"显示预览"复选框后发生,如图 5-1 所示。单击配合弹出工具栏中的添加/完成配合图标 或选择别的配合类型,单击 按钮关闭 PropertyManager,完成零件的装配定位。

图 5-1 配合弹出工具栏

另外,SolidWorks 还提供了一种多配合模式( ),可将多个零部件与一普通配合实体配合,如图 5-2 所示。

SolidWorks 2009 提供了二十几种配合(约束)类型。

(1) 标准配合

 重合:将所选面与面、线与线、面与线或面、线与基准面等重合。

 平行:使所选项彼此间保持等间距。

 垂直:将所选项以彼此间 90°角度放置。

 相切:将所选项以彼此间相切而放置(至少有一选择项必须为圆柱面、圆锥面或球面)。

◎同轴心：将所选项共享同一中心线。
🔒锁定：保持两个零部件之间的相对位置和方向。
距离：将所选项以彼此间指定的距离而放置。
角度：将所选项以彼此间指定的角度而放置。

(2) 配合对齐

根据零件装配方向的需要切换配合对齐,如图 5-3 所示。

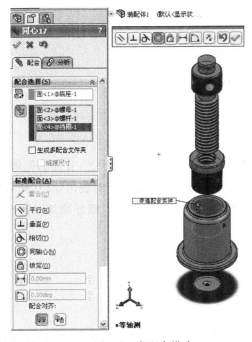

图 5-2　多配合模式　　　　　　图 5-3　配合对齐(一)

(3) 高级配合

对称：使两个相似的实体相对于零部件的基准面或平面或者装配体基准面对称。
宽度：将图标置中于凹槽宽度内。
路径：将零部件上所选的点约束到路径。
线性/线性耦合：在一个零部件平移和另一个零部件平移之间建立几何关系。
限制：允许零部件在距离配合的一定数值范围内移动。
限制：允许零部件在角度配合的一定数值范围内移动。

(4) 机械配合

凸轮：凸轮和推杆的配合。
铰链：将两个零部件之间的移动限制在一定的旋转范围内。
齿轮：迫使两个零部件绕所选轴彼此相对而旋转。
齿条和齿轮：一个零件(齿条)的线性平移引起另一个零件(齿轮)的周转,反之亦然。

　　螺旋：将两个零部件约束为同心，一个零部件沿轴方向的平移会根据所给几何关系引起另一个零部件的旋转。同样，一个零部件的旋转可引起另一个零部件的平移。

　　万向节：一个零部件（输出轴）绕自身轴的旋转是由另一个零部件（输入轴）绕其轴的旋转驱动的。

二、任务内容

　　① 建立千斤顶零件的装配体（如图 5-27 所示）。
　　② 建立千斤顶零件的爆炸视图（如图 5-31 所示）。

三、思路分析

　　千斤顶的底座可以作为第一个插入零件。按照千斤顶的装配工艺，首先装配螺母，并将其与底座用螺钉 M10 定位；然后装配螺杆，为了防止螺杆在旋转时脱出，要在螺杆底部用螺钉 M8 将挡圈固定在螺杆底部；最后用螺钉 M6 将顶垫安装到螺杆顶部。操作时可将零件杆插入螺杆顶端的孔内。

四、操作步骤

1. 将底座插入装配体文件

　　① 打开"底座.sldprt"（所有装配过程中涉及的相关零件文件可按本书附录中的相关零件图建立）。
　　② 选择"文件"→"从零件制作装配体"命令，此时一个新装配体文档打开。
　　③ 选择"视图"→"原点"命令，在装配体图形区域中显示原点，并单击等轴测图标 （标准视图工具栏）。
　　④ 在 PropertyManager 中的"选项"下选择"图形预览"。
　　⑤ 将指针移到原点上，指针变成 ，此时单击放置底座，表示底座的原点与装配体原点重合，底座和装配体的基准面对正，如图 5-4 所示。

　　选择"视图"→"原点"命令，将原点从图形区域中清除。选择"窗口"→"底座"命令，然后关闭零件文件，保持装配体文件的打开状态。

2. 插入并装配螺母和固定螺钉 M10

　　① 在装配体模式下单击插入零部件图标 （装配体工具栏）。
　　② 在 PropertyManager 中，单击 变成 ，这可使 PropertyManager 保持可见，以便不必重新打开 PropertyManager 就可重复插入一个以上零部件。

③ 在"要插入的零件"→"装配体"下单击"浏览"按钮,选择"螺母.sldprt",单击"打开"按钮,在图形区域较合适位置单击放置螺母,单击 ✓ 按钮。

④ 按以上方法插入螺钉 M10,如图 5-5 所示。

图 5-4 插入底座　　　　　　　　图 5-5 插入螺钉 M10

操作技巧:如果放置的位置不太合适可以移动或旋转零部件。若要移动零部件,单击并拖动零部件的一个面;若要旋转零部件,可右击并拖动零部件的一个面;也可单击移动零部件图标 或旋转零部件图标 (装配体工具栏)后拖动以移动或旋转零部件。

⑤ 将该装配体保存为"千斤顶.sldasm"。若有一信息提示在保存前重建模型,单击"是"按钮。

⑥ 单击配合图标 (装配体工具栏)。

⑦ 为"配合选择" 选择底座的内圆柱面和螺母的外圆柱面,配合弹出工具栏即会在图形区域出现。在 PropertyManager 和配合弹出工具栏中已自动选择了同轴心 配合,并出现同轴心配合的预览,如图 5-6 所示,单击配合弹出工具栏的 ✓ 按钮。

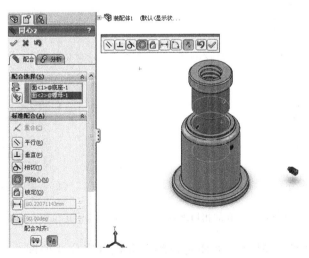

图 5-6 底座和螺母的同轴心配合

操作技巧:可单击同向对齐按钮 或反向对齐按钮 来进行配合对齐,如图 5-7 所示。

⑧ 用以上的操作方法在底座和螺母之间添加重合配合,如图 5-8 所示。

图 5-7 配合对齐(二)

图 5-8 底座和螺母的重合配合

⑨ 添加底座定位螺孔与螺母定位孔之间同轴心配合,如图 5-9 所示,单击配合弹出工具栏的 ✓ 按钮。

操作技巧：由于螺纹不容易选择圆柱面,可单击 Property Manager 中的"田底座"展开每项以显示零部件特征,右击 切除-扫描1 图标,单击压缩图标,待完成配合后,再单击解除压缩。

⑩ 添加一侧螺钉 M10 与底座定位螺孔和螺母定位孔的同轴心配合与相切配合。如图 5-10 和图 5-11 所示,单击配合弹出工具栏的 ✓ 按钮。如果螺钉没有相切,单击配合对齐的同向对齐按钮或反向对齐按钮就可以了,效果如图 5-12 所示。完成配合后右击 切除-扫描1 图标,单击解除压缩图标。

图 5-9 底座螺孔和螺母定位孔的同轴心配合

图 5-10 底座定位螺孔和螺母定位孔的同轴配合

图 5-11 底座定位螺孔和螺母定位孔的相切配合

图 5-12 底座定位螺孔和螺母定位孔的配合效果

⑪ 添加另一侧螺钉 M10 与底座定位螺孔和螺母定位孔的配合。下面介绍两种方法。第一种方法：按住 Ctrl 键将 (-) 螺钉M10<1> 拖动到图形区域中,并按照第①步方法重复做一次。第二种方法：选择"插入"→"镜像零部件"命令,弹出对话框,默认镜像零

部件有左/右描述,选择右视基准面为镜像基准面,螺钉 M10 为要镜像的零部件,如图 5-13 所示,单击 ✓ 按钮。单击 💾 保存此装配体名为"千斤顶"。

3. 插入并装配螺杆、挡圈及螺钉 M8

① 将插入的螺杆、挡圈及螺钉 M8 拖到合适的位置,如图 5-14 所示。

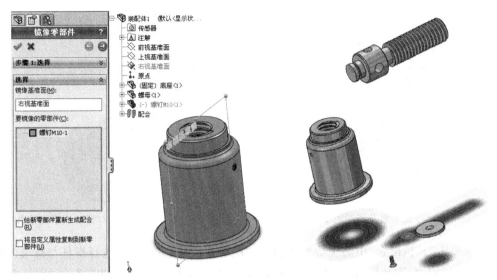

图 5-13　镜像配合螺钉 M10　　　　图 5-14　插入螺杆、挡圈及螺钉 M8

② 单击 📎,再单击多模式配合 🔗,在配合选择 📋 列表框中选择底座外圆柱面,在多模式配合 🔗 列表框中依次选择螺杆任一外圆柱面、挡圈外圆柱面及螺钉外圆柱面,如图 5-15 所示,单击配合弹出工具栏中的 ✓ 图标,接受同轴心配合(◎)。如果螺杆、挡圈及螺钉的配合方向不对,可单击配合对齐的同向对齐 按钮或反向对齐 按钮。

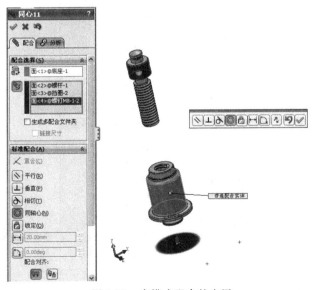

图 5-15　多模式配合的应用

③ 选择螺杆底平面及挡圈的上平面，单击配合弹出工具栏中的✓图标，接受重合配合(✗)，如图 5-16 所示。

④ 选择挡圈的底平面与螺钉头平面，单击配合弹出工具栏中的✓图标，接受重合配合(✗)，如图 5-17 所示。

图 5-16　螺杆底平面及挡圈的上平面重合　　　　图 5-17　挡圈的底平面与螺钉头平面重合

⑤ 单击"机械配合"中的螺旋按钮，在"配合选择"列表框中选择螺杆与螺母的螺纹表面，在"距离/圈数"下的文本框中输入 8，并勾选"反转"复选框，如图 5-18 所示，单击✓按钮。

⑥ 单击"高级配合"中的限制配合按钮，在"配合选择"列表框中选择螺母的下表面与挡圈的上表面，在 I 文本框中输入 60，并勾销"反转尺寸"复选框，其余接受默认值，如图 5-19 所示，单击✓按钮。

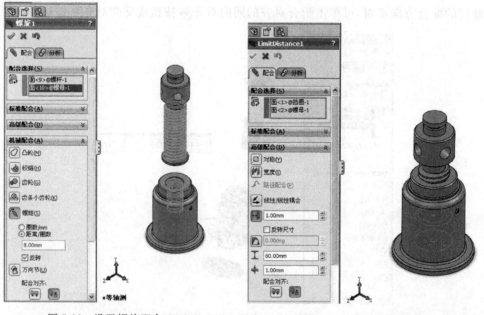

图 5-18　设置螺旋配合　　　　图 5-19　设置限制配合

⑦ 可以用鼠标接近螺杆，此时会出现"旋转 1-螺杆"，按住鼠标左键就可顺时针或逆时针旋转螺杆，如图 5-20 所示。

4. 插入并装配顶垫与螺钉 M6

① 插入顶垫与螺钉 M6 并拖到合适的位置，如图 5-21 所示。

② 单击 ![icon]，在"配合选择"的 ![icon] 列表框中选择顶垫的内圆表面与螺孔的外圆表面，如图 5-22 所示。单击配合弹出工具栏中的 ![icon] 图标，接受同轴心配合。

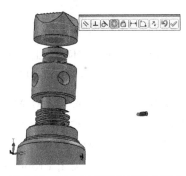

图 5-20　旋转螺杆　　　　图 5-21　插入顶垫与螺钉 M6　　　　图 5-22　顶垫与螺杆的同轴心配合

③ 在"配合选择"的 ![icon] 列表框中选择顶垫的定位孔内圆表面与螺钉 M6 的外圆表面，如图 5-23 所示。单击配合弹出工具栏中的 ![icon] 图标，接受同轴心配合。

④ 按住 Ctrl 键将 ![icon 螺钉M6<1>] 拖动到图形区域中，在"配合选择" ![icon] 列表框中选择顶垫的另一侧定位孔内圆表面与刚复制的螺钉 M6 的外圆表面，单击配合弹出工具栏中的 ![icon] 图标，接受同轴心配合，如图 5-24 所示。

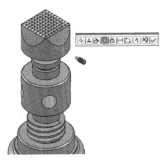

图 5-23　顶垫定位孔与螺钉 M6 同轴心配合　　　　图 5-24　另一侧顶垫定位孔与螺钉同轴心配合

⑤ 在"配合选择" ![icon] 列表框中选择螺杆定位槽的上端面与任一螺钉 M6 的外圆柱面，如图 5-25 所示。单击配合弹出工具栏中的 ![icon] 图标，接受相切配合。

⑥ 在"配合选择" ![icon] 列表框中选择螺杆头的外圆柱面与一螺钉头表面，如图 5-26 所示。单击配合弹出工具栏中的 ![icon] 图标，接受相切配合。重复进行螺杆头的外圆柱面与另一螺钉头表面的相切配合的操作。如果螺钉没有相切，单击配合对齐的同向对齐 ![icon] 按钮或反向对齐 ![icon] 按钮就可以。

图 5-25　螺杆定位槽的上端面与　　　　图 5-26　螺杆头外圆柱面与螺钉头
　　　　螺钉外圆柱面相切　　　　　　　　　　　表面的相切配合

操作技巧：两个定位螺钉 M6 与顶垫的两个定位孔预先做好同轴心的配合，再做顶垫外圆柱面与螺钉头的相切配合，比完全安装好一个螺钉后再安装另一螺钉会简单些，后者会增加选择配合面的难度。

⑦ 单击 ✓ 按钮，关闭 PropertyManager。单击 💾 保存文件。千斤顶装配效果如图 5-27 所示。

5. 生成千斤顶的爆炸视图

① 单击爆炸视图图标 🗖（装配体工具栏），或选择"插入"→"爆炸视图"命令。单击顶垫作为第一个爆炸步骤，这时有一个三重轴出现在图形区域中，在"设定"下的 🗖 框中显示当前爆炸步骤所选的零部件，可以单击三重轴的任一轴来改变 🗖 框中的爆炸方向，在 🗖 文本框中输入爆炸距离，单击"应用"按钮以预览爆炸步骤的更改，单击"完成"按钮以完成新的或已更改的爆炸步骤，如图 5-28 所示。

图 5-27　千斤顶装配效果

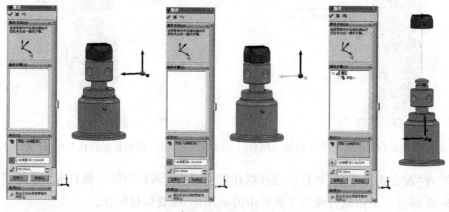

图 5-28　顶垫的爆炸步骤

② 用上述方法逐一将各零件设置爆炸步骤，如图 5-29 所示。完成爆炸设置后单击 ✓ 按钮。如果想删除其中的爆炸步骤，在"爆炸步骤"下，右击一个爆炸步骤，然后选择"删除"命令。

项目五 装配体设计

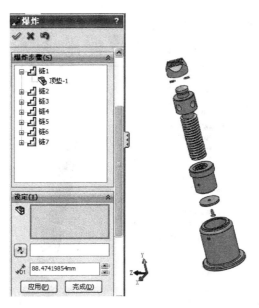

图 5-29 千斤顶的爆炸步骤

③ 通过选项调整爆炸草图,如图 5-30 所示。勾选"拖动后自动调整零部件间距"复选框则沿轴心自动均匀地分布零部件组的间距,拖动 后自动调整零部件链之间的间距;勾选"子装配体的零件"复选框则可选择子装配体的单个零部件,勾销此复选框则可选择整个子装配体。单击"重新使用子装配体爆炸"按钮则使用先前在所选子装配体中定义的爆炸步骤。

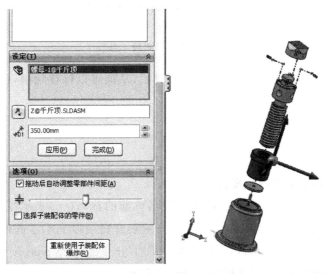

图 5-30 调整爆炸草图

④ 爆炸及解除爆炸视图:单击 图标,然后右击 千斤顶1 配置 ,选择"爆炸"(或"解除爆炸")命令,如图 5-31 所示;也可选择"动画爆炸"(或"动画解除爆炸")命令,以在

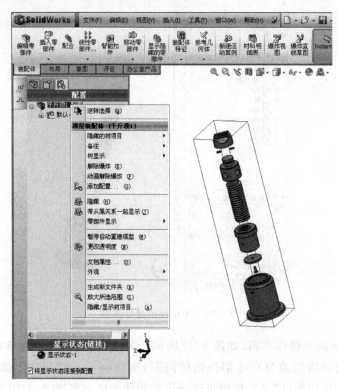

图 5-31 爆炸或解除爆炸

图 5-32 动画控制器工具栏

装配体爆炸或解除爆炸时显示动画控制器工具栏,从而可以保存动画,也可重复播放等,如图 5-32 所示。

五、知识扩展

1. FeatureManager 设计树操作

① 在 FeatureManager 设计树中,零部件名称前的首码(一)表示零部件的位置欠定义,表示可移动和旋转这些零部件。可以单击田展开每项以显示零部件特征,若要一次全部折叠整个 FeatureManager 设计树,可右击 FeatureManager 设计树顶部的 千斤顶 (默认〈显示状态-1〉),然后选择"折叠项目"命令。

② 单击 田 00 配合 进行扩展可以检查配合,每个配合按类型、实例号及零部件的名称来标识。单击设计树中的任何配合可以在图形区域中看到相关零部件高亮显示,如图 5-33 所示。

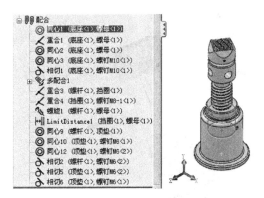

图 5-33　检查配合

2. 添加爆炸直线

在许多产品说明书中需要装配说明,常用到爆炸直线图。

（1）插入爆炸直线草图

爆炸图生成后,单击爆炸直线草图图标 ![icon]（装配体工具栏）,或选择"插入"→"爆炸直线草图"命令,就会出现"步路线" ![icon] 对话框。在"要连接的项目"列表框中依次单击要添加爆炸直线的零件,如图 5-34 所示。每一条路径单独设置,设置完成后单击 ✓ 按钮,如图 5-35 所示。完成后的效果图如图 5-36 所示。

图 5-34　添加要连接的项目

（2）编辑爆炸直线草图

如果认为添加的爆炸直线不理想,还可以通过以下步骤编辑爆炸直线草图:单击 ![icon] 图标,展开 ![icon] 默认<显示状态-1>[千斤顶],再展开 ![icon] 爆炸视图1,右击 ![icon] (-) 3D爆炸1,选取"编辑草图"命令,此时便可用草图绘制工具栏修改爆炸直线,修改完成后退出草图绘制状态,如图 5-37 所示。

SolidWorks 项目式应用教程

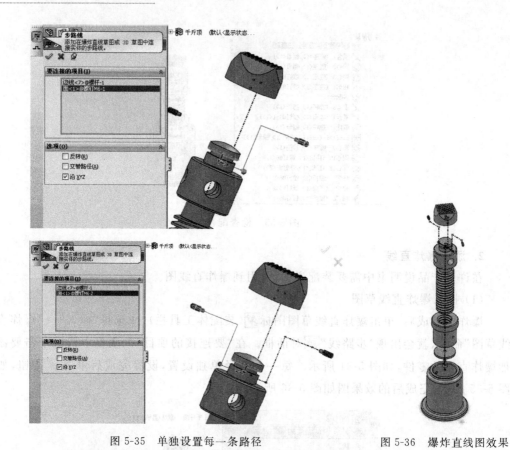

图 5-35 单独设置每一条路径

图 5-36 爆炸直线图效果

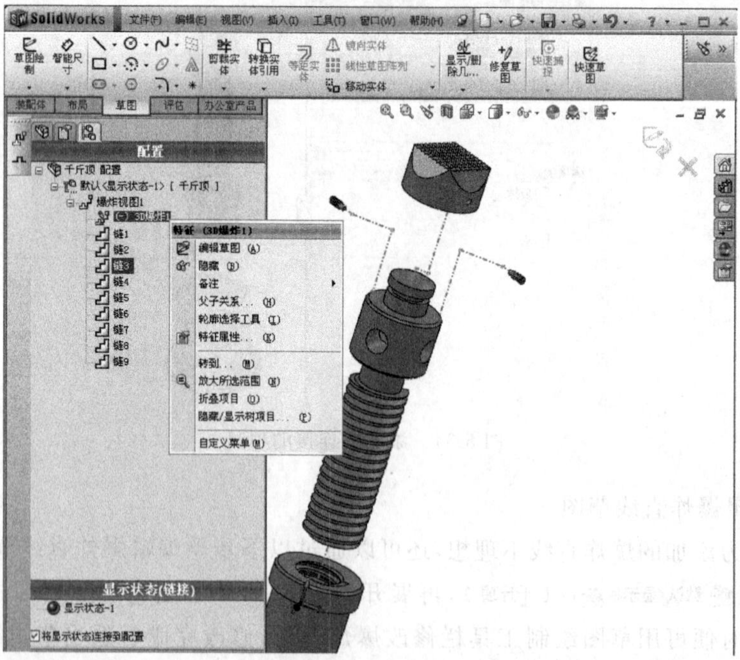

图 5-37 编辑爆炸直线草图

任务二 输入轴的设计与装配(自上而下)

一、知识与技能准备

1. 在装配体中生成零件

在装配体中可以生成新零件,这个新零件的建模可以利用装配体已有零件的几何特征进行关联创建。用关联特征建立的零件,可以对零件进行设计修改,使设计更加得心应手。

① 在装配体状态下,单击 图标(装配体工具栏),或选择"插入"→"零部件"→"新零件"命令,新零件会出现在 FeatureManager 设计树中,显示的颜色是系统默认的品蓝色,其名称形式为"零件 n^装配体名称"。比如,第一个插入新零件为"零件1^装配体名称",如图 5-38 所示。

② 按提示选择放置新零件的面或基准面(选择面或基准面前指针变为),这时有一草图在新零件中打开,如图 5-38 所示。选择"另存为"命令,弹出"解决模糊情形"对话框,单击"确定"按钮后弹出另一个对话框,再次单击"确定"按钮,如图 5-39 所示。再在弹出的"另存为"对话框中输入新零件名,新零件名便出现在 FeatureManager 设计树中,如图 5-40 所示。

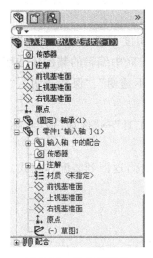

图 5-38 插入新零件

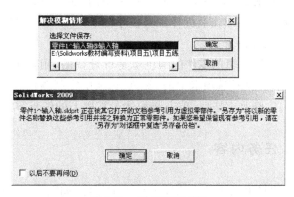

图 5-39 弹出的对话框

注意:新零件的前视基准面与所选的面或基准面之间会添加在位(重合)配合关系,如图 5-41 所示。新的零件通过在位配合完全定位,不再需要其他的配合条件来定位。如果希望重新定位零部件,首先要删除在位配合。

③ 我们可以利用装配体中其他零部件的特征建立该新零件的关联特征,用这些关联特征绘制草图,建立几何体,与单独建模时采用的方法相同。

④ 单击装配体工具栏上的编辑零部件图标 ,返回到装配体模式。

图 5-40　显示新零件名　　　　　　　图 5-41　在位配合

2. 在装配体中编辑(修改)零件

打开装配体文件,用户可以在编辑装配体和编辑零部件两种模式间进行切换。

① 在装配体模式下,如果希望编辑零部件,可以在 FeatureManager 设计树中选择想要编辑的零件,在弹出工具栏中单击编辑零部件图标,此时 FeatureManager 设计树中该零件显示颜色变成品蓝色(系统默认值)。这时表示已经切换到编辑零部件模式,可以进行零件的修改了(可增加或减少关联特征)。

② 在图形区域,其他未被编辑的零部件呈透明状,其透明度可通过"工具"→"选项"命令,在弹出的"系统选项"选项卡中的"显示/选择"选项的"关联中编辑的装配体透明度"中设置,也可单击装配体工具栏中的 装配体透明度 图标,选择"不透明"、"保持透明"、"迫使透明"三种设置。

③ 被编辑的零件的颜色也是可设置的,用户可以通过"工具"→"选项"命令,在弹出的"系统选项"选项卡中的"颜色"选项中定制颜色。

④ 修改完毕后,单击装配体工具栏上的编辑零部件图标,返回到装配体模式。

二、任务内容

用自上而下的方法完成输入轴零件(如图 5-83 所示)的设计(装配)工作。

三、思路分析

输入轴由轴承、底板、齿轮、轴、键、轴套及螺栓紧固件组成。按常规设计,根据所需传动比及齿轮啮合传递扭矩的力计算出齿轮的参数和轴径,然后根据装配关系设计出齿轮和轴的结构,这两个关键零件设计好后再设计其他的零部件,最后将所有零件装配起来。如果在装配的过程中,发现结构有问题要修改,则必须将有联系的零件逐一修改。若在修

项目五 装配体设计

改的过程忽视了一些问题,还要再逐一修改,比较麻烦。

如果先设计一个零件,在装配体环境下,建立有关联特征的其他的零件,如果改动一个零件,与其有关联零件的关联特征都会随之修改,非常方便。

在此任务中,初步算出轴承孔径,以轴承为基础件,在关联环境下创建其他的零件,在创建的过程中可以不断地修改,直到满意。

四、操作步骤

1. 在装配体模式插入已经设计好的第一个零件轴承

① 打开"轴承.sldprt"文件。

② 选择"文件"→"从零件制作装配体"命令,此时一个新装配体文档打开。

③ 选择"视图"→"原点"命令,在装配体图形区域中显示原点,并单击等轴测图标 (标准视图工具栏)。

④ 在 PropertyManager 中的"选项"下选择"图形预览"。

⑤ 将指针移到原点上,指针变成 ,此时单击放置轴承,表示轴承的原点与装配体原点重合,轴承和装配体的基准面对正,结果如图 5-42 所示。将装配体存盘,名称为"输入轴"。

图 5-42 轴承

2. 在装配体环境下插入新零件(底板)

由于两轴承是一样的,创建了底板后可以采取镜像特征来获取另外一个轴承。

① 单击 (装配体工具栏),或选择"插入"→"零部件"→"新零件"命令。新零件会出现在 FeatureManager 设计树中,显示的颜色是系统默认的品蓝色。

② 按提示选择放置新零件的面或基准面(接近选择面或基准面时指针变为),这时有一草图在新零件中打开。选择"另存为"命令,弹出"解决模糊情形"对话框,单击"确定"按钮,接受默认选择后弹出另一个对话框,再次单击"确定"按钮,在弹出的"另存为"对话框中输入"底板",如图 5-43 所示。"底板"名以品蓝色出现在 FeatureManager 设计树中。

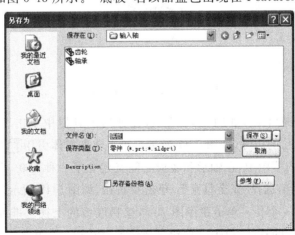

图 5-43 将插入的新零件存盘

这时底板的前视基准面与所选的面添加了在位(重合)配合关系,如图5-41所示。视窗的右下角提示正在编辑草图1。

③ 选择轴承底部边线,单击转换实体引用图标，这样就把轴承底部的直线特征转移到底板的草图中,在轴承和底板之间建立了一种关联,如图5-44所示。

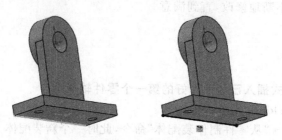

图5-44　在轴承和底板之间建立一种关联

④ 退出草图绘制状态,单击拉伸凸台/基体图标，建立拉伸薄壁特征,设置为10mm、180mm,如图5-45所示,单击✓按钮。此时如果改变轴承刚才所选边线的尺寸,底板与之关联的尺寸也会改变。

图5-45　建立拉伸薄壁特征

⑤ 单击底板的底平面,如图5-46所示,在弹出工具栏中单击草图绘制图标,按Shift键选择轴承沉孔的边缘,如图5-47所示。单击转换实体引用图标,把轴承底座孔的特征转移到底板的草图中,在轴承和底板之间又建立了一种关联,退出草图绘制状态,单击拉伸切除图标,选择"完全贯穿",单击✓按钮,如图5-48所示。

⑥ 用镜像做另一个孔。单击镜像图标,选择底板的上视基准面作为镜像面,选择切除的孔作为要镜像的特征,单击✓按钮完成镜像,如图5-49所示。

项目五 装配体设计

图 5-46 选择草图绘制平面　　　　图 5-47 按 Shift 键选择轴承沉孔的边缘

图 5-48 把轴承底座孔的特征转移到底板的草图中形成关联

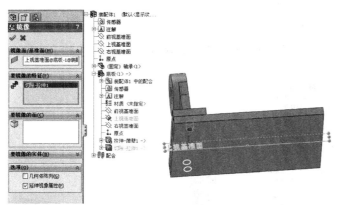

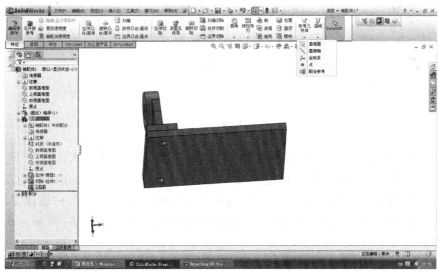

图 5-49 镜像另一个孔

⑦ 用镜像做另一侧的两个孔。单击 图标建立基准面1，设置选项如图5-50所示，单击 按钮。单击镜像图标，选择基准面1作为镜像面，选择两个孔作为要镜像的特征，如图5-51所示，单击 按钮完成。单击 保存底板。（轴承底座孔也可以用阵列来建立。）

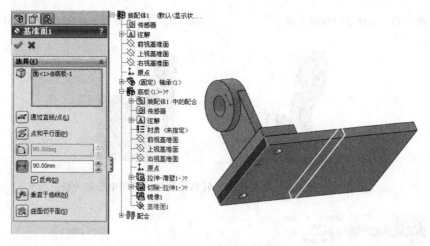

图5-50 建立底板基准面1

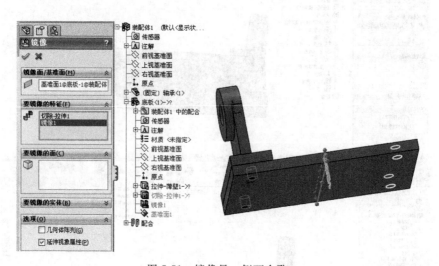

图5-51 镜像另一侧两个孔

⑧ 单击装配体工具栏上的编辑零部件图标，返回到装配体模式。单击 图标建立基准面1（注意，上个步骤所做的基准面1是零件底板的基准面，现在做的是装配体的基准面1），基准面特征设置如图5-52所示，单击 按钮。选择"插入"→"镜像零部件"命令，镜像特征设置如图5-53所示，单击 按钮完成的轴承镜像如图5-54所示。单击 保存装配体。

3. 在装配体模式下插入新零件（轴）

① 插入初步设计好的齿轮：在装配体模式下单击插入零部件图标 （装配体工具栏）。

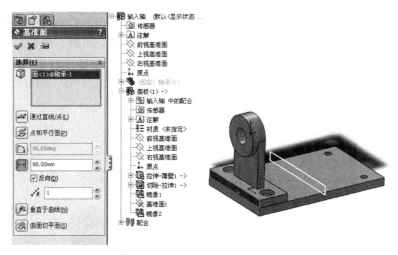

图 5-52 建立装配体基准面 1

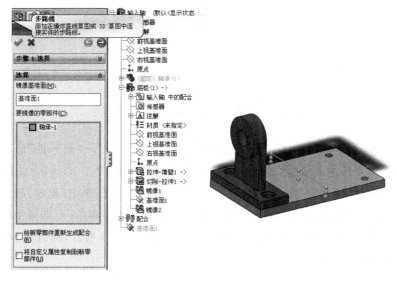

图 5-53 镜像特征设置

② 在"要插入的零件/装配体"下单击"浏览"按钮,选择"齿轮.sldprt",单击"打开"按钮,在图形区域中较合适的地方单击放置齿轮,单击 ✓ 按钮,如图 5-55 所示。

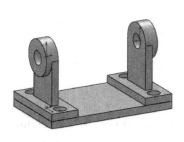

图 5-54 轴承镜像结果

图 5-55 插入零件齿轮

③ 单击图标，在"配合选择"的列表框中选择轴承的内圆柱表面与齿轮的内圆柱表面，如图 5-56 所示。单击配合弹出工具栏中的图标，接受同轴心配合。由于只有同轴约束，齿轮仍然可以左右移动和绕轴转动。（齿轮也可以在轴建立好后，用在装配体模式下插入新零件的方法建立。）

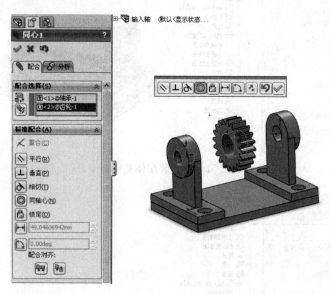

图 5-56　设置齿轮孔与轴的同轴心配合

④ 单击图标（装配体工具栏），或选择"插入"→"零部件"→"新零件"命令。选择轴承端面为插入新零件的面（接近轴承端面时指针变为），如图 5-57 所示，此时新零件的草图 1 打开。选择"另存为"命令，弹出"解决模糊情形"对话框，单击"确定"按钮接受默认选择后弹出另一个对话框，再次单击"确定"按钮，在弹出的"另存为"对话框中输入零件名称"轴"。这时轴的前视基准面与所选的轴承端面添加了在位（重合）配合关系，视窗的右下角提示正在编辑草图 1。

⑤ 选择轴承内孔边线。单击转换实体引用图标，如图 5-58 所示，这样就把轴承内孔边缘特征转移到轴的草图中，在轴和轴承配合段建立了一种关联。

图 5-57　选择建立新零件的面

图 5-58　在轴和轴承配合段建立了一种关联

⑥ 退出草图绘制状态。单击拉伸凸台/基体图标，设置拉伸深度为 20mm，其他设置的选项如图 5-59 所示，单击按钮。此时如果改变轴承内孔的直径，轴与之关联的轴

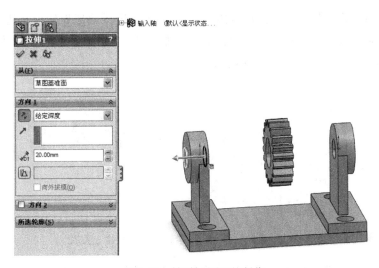

图 5-59　轴（轴承段）的制作

径会改变。

⑦ 单击轴承端面（绘制轴肩段草图），在弹出工具栏中单击草图绘制图标，如图 5-60 所示。按住 Shift 键选择轴承内孔边缘，单击等距实体图标，参数输入 2mm。这样就把轴承内孔边缘特征转移到草图中，在轴肩和轴承内孔之间建立关联。退出草图绘制状态，单击拉伸凸台/基体图标，如图 5-61 所示，单击 ✓ 按钮。以后不管轴承内孔怎么变化，轴肩的直径都比轴承内孔径大 4mm。

⑧ 单击轴端面（绘制与齿轮配合段草图），在弹出工具栏中单击草图绘制图标，按住 Shift 键选择齿轮

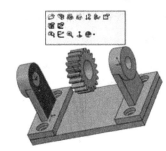

图 5-60　选择（轴肩段）草图绘制平面

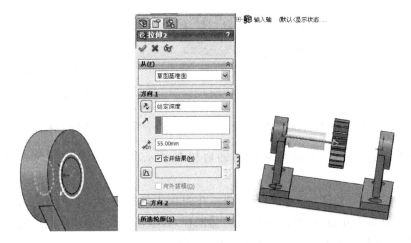

图 5-61　轴（轴肩段）的制作

内孔边缘,单击转换实体引用 图标,如图 5-62 所示。这样就把齿轮内孔边缘特征转移到草图中,在轴的齿轮段和齿轮内孔之间建立关联。退出草图绘制状态,单击拉伸凸台/基体 图标,如图 5-63 所示,单击 ✓ 按钮。

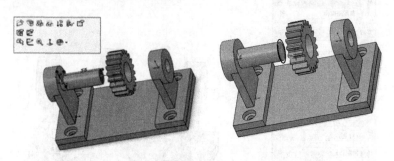

图 5-62　在轴(齿轮段)和齿轮内孔之间建立关联

⑨ 先将齿轮移到左边,单击轴端面(绘制轴的齿轮挡肩段草图),在弹出工具栏中单击草图绘制 图标,如图 5-64 所示。按住 Shift 键选择齿轮内孔边缘,单击等距实体 图标,参数输入 3mm。这样就把齿轮内孔边缘特征转移到草图中,在轴的齿轮挡肩段和齿轮内孔之间建立关联。退出草图绘制状态,单击拉伸凸台/基体 图标,如图 5-65 所示,单击 ✓ 按钮。以后不管齿轮内孔怎么变化,轴的齿轮挡肩段直径都比齿轮内孔径大 6mm。

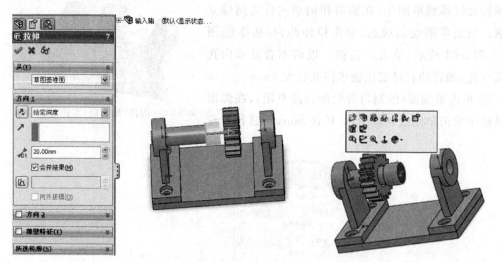

图 5-63　轴(齿轮段)的制作　　图 5-64　建立轴的(齿轮挡肩段)草图平面

⑩ 按照上述方法建立轴另一侧的轴肩段和轴承段,注意与相关零件的关联,如图 5-66 所示。

⑪ 单击轴端面(绘制动力输入段草图),在弹出工具栏中单击草图绘制 图标,按住 Shift 键选择轴承内孔边缘,单击等距实体 图标,参数输入 2mm 并反向。退出草图绘制状态,单击拉伸凸台/基体 图标,单击 ✓ 按钮,如图 5-67 所示。

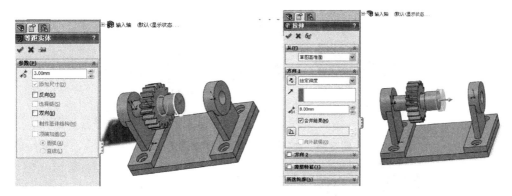

图 5-65 轴(齿轮挡肩段)的制作

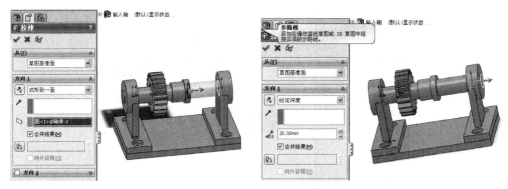

图 5-66 建立轴另一侧的轴肩段和轴承段

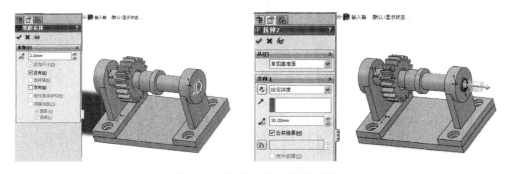

图 5-67 轴(动力输入段)的制作

⑫ 做轴动力输入端的切槽,如图 5-68 所示。完成后单击 图标保存轴。单击装配体工具栏上的编辑零部件 图标,返回到装配体模式。

4. 在装配体环境下插入新零件(键)

① 将齿轮进行轴向定位。单击配合 图标(装配体工具栏),在"配合选择" 列表框中选择齿轮右端面和齿轮挡肩左端面,在弹出的工具栏中已自动选择了重合配合,并出现重合配合的预览。单击弹出工具栏中的 图标,再单击 按钮关闭对话框,如图 5-69 所示。

② 建立基准面 2。基准面 2 距装配体的上视基准面向上偏移 15mm,与齿轮挡圈外

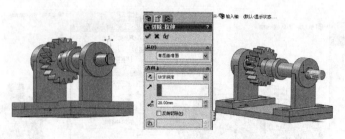

图 5-68　轴(动力输入端)的切槽制作

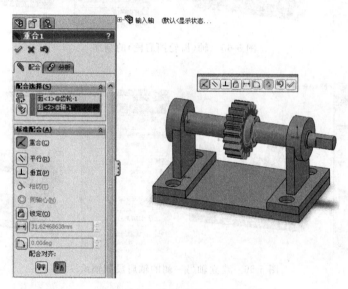

图 5-69　齿轮的轴向定位

圆柱面相切,如图 5-70 所示。

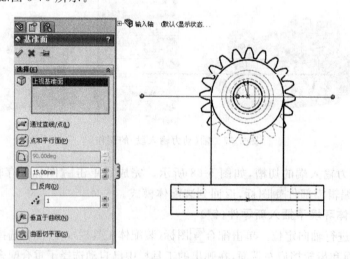

图 5-70　建立装配体基准面 2

③ 单击 图标（装配体工具栏），或选择"插入"→"零部件"→"新零件"命令。选择基准面 2，选择"另存为"命令，弹出"解决模糊情形"对话框，单击"确定"按钮接受默认选择后弹出另一个对话框，再次单击"确定"按钮，在弹出的"另存为"对话框中输入零件名称"键"。这时键的前视基准面与所选的基准面 2 添加了在位（重合）配合关系，视窗的右下角提示正在编辑草图 1。

④ 在草图 1 上绘制键的草图，如图 5-71 所示。

⑤ 退出草图绘制状态，单击拉伸凸台/基体 图标，双向拉伸，设置选项如图 5-72 所示，单击 按钮。完成后单击 图标，保存键。

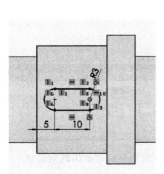

图 5-71　绘制键的草图　　　　图 5-72　键的拉伸设置

操作技巧：先将齿轮隐藏，做好键后解除隐藏。

⑥ 单击装配体工具栏中的编辑零部件 图标，返回到装配体模式。

5. 在装配体中编辑（修改）轴（轴需要开键槽，轴的两端需要倒圆角）

① 在 FeatureManager 设计树中选择轴，在弹出工具栏中单击编辑零部件 图标，除了要编辑的轴，其他未被编辑的零部件呈透明状。隐藏齿轮，选择基准面 2，在弹出工具栏中单击草图绘制 图标，按住 Shift 键选择键的边缘，单击转换实体引用 图标，如图 5-73 所示。退出草图绘制状态，单击拉伸切除 图标，输入参数 4mm，单击 按钮，如图 5-74 所示。

在设计树中选择轴，在弹出的工具栏中单击打开零件 图标，轴零件打开，这样在轴两端进行倒角比较方便，如图 5-74 所示。轴编辑完成后存盘退出，返回到装配体模式。

操作技巧：Ctrl＋Tab 键可以从零件文档窗口切换回装配体文档窗口。

② 当返回到装配体窗口，系统会检测到用户对零件的修改，弹出一个对话框，如图 5-75 所示，单击"是"按钮。

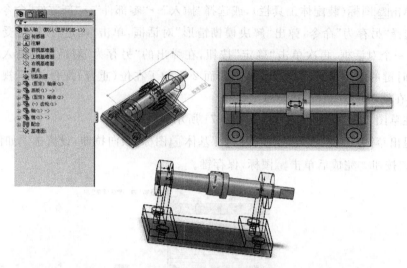

图 5-73 轴键槽的制作

图 5-74 完成后的轴　　　　　图 5-75 返回到装配体窗口时弹出的对话框

6. 在装配体中编辑（修改）齿轮（齿轮需要开键槽）

① 在设计树中选择齿轮，在弹出工具栏中单击编辑零部件图标，除了要编辑的齿轮，其他未被编辑的零部件呈透明状。隐藏轴，选择齿轮的一个端面，如图 5-76 所示。在弹出工具栏中单击草图绘制图标，按住 Shift 键选择键的边缘，单击转换实体引用图标，键的高度设置为 7mm，而齿轮键槽与键在上方应有 1mm 间隙，如图 5-77 所示。退出草图绘制状态，单击拉伸切除图标，键槽完成后存盘，如图 5-78 所示。

图 5-76 选择齿轮的一个端面作为键槽的草图绘制平面

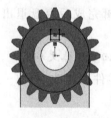 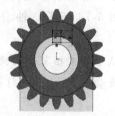 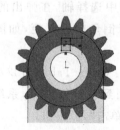

图 5-77 键槽的草图

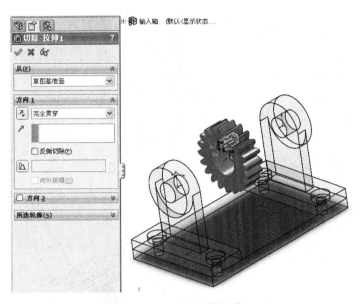

图 5-78 切除齿轮键槽

② 修改完毕,单击装配体工具栏中的编辑零部件 图标,返回到装配体模式,并显示轴。

7. 在装配体环境下插入新零件(轴套)(轴套的作用主要是防止齿轮向左轴向运动)

轴套的草图绘制:内径用轴肩的外圆做转换实体引用,外径用轴的齿轮段外径做等距实体,偏距为 3mm,如图 5-79 所示。退出草图绘制状态后进行拉伸,轴套完成后存盘,返回到装配体模式。打开零件如图 5-80 所示。

8. 利用添加智能扣件特征添加紧固螺栓

① 编辑底板,厚底板加厚至 16mm,并在每个孔添加一个可以藏螺母的沉孔,沉孔深 8mm。底板沉孔的直径与轴承沉孔直径相关联,如图 5-81 所示。

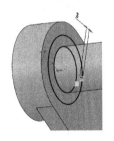

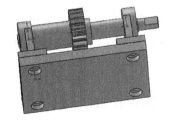

图 5-79 轴套草图　　图 5-80 轴套零件　　图 5-81 在底板添加沉孔

② 单击智能扣件 图标,单击"确定"按钮,在智能扣件对话框中选择轴承的沉孔,单击"添加"按钮,系统会自动选择合适的紧固件。底部层叠和属性设置如图 5-82 所示。

③ 用镜像特征建立其他三个紧固件。完成后存盘并隐藏原点,效果如图 5-83 和图 5-84 所示。

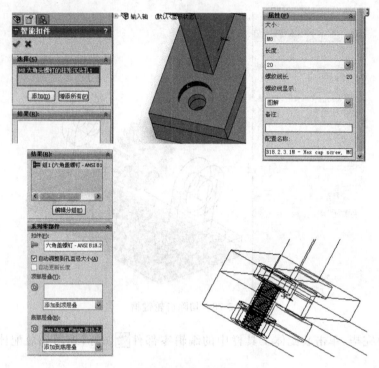

图 5-82 添加智能扣件

图 5-83 输入轴　　　　　　　　　　图 5-84 从剖面看装配关系

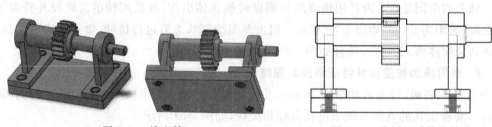

注意：所有在装配体环境下插入的新零件都会自动添加在位（重合）配合关系，新零件通过在位配合完全定位。如果希望轴通过键带动齿轮绕轴旋转，首先要删除在位配合，重新添加配合才行。

五、知识扩展

扣合特征是为产品设计及模具、钣金设计提供的非常有用的工具，一些扣合特征可以在关联状态下创建，并相匹配。这里主要介绍扣合特征中的装配凸台、弹簧扣及弹簧扣凹槽、唇缘/凹槽的应用。

1. 装配凸台的应用

① 打开"插座.sldasm"文件，如图 5-85 所示。

图 5-85 插座

② 在设计树中选择插座盖,在弹出工具栏中单击编辑零部件 图标,单击装配凸台 图标,或者选择"插入"→"扣合特征"→"装配凸台"命令。选择由抽壳特征生成的零件内表面为放置装配凸台的表面,凸台设置如图 5-86 所示,单击 按钮。

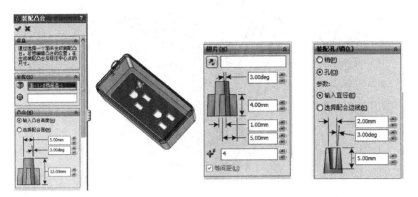

图 5-86　装配凸台设置

③ 定义装配凸台的位置。打开并编辑 3D 草图( ),将凸台中心点与前视基准面重合,并标注中心点的位置,如图 5-87 所示。

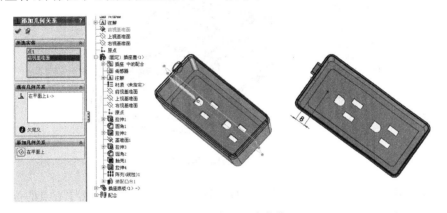

图 5-87　定义装配凸台的位置

④ 退出 3D 草图绘制状态,效果如图 5-88 所示。单击装配体工具栏中的编辑零部件 图标,返回到装配体模式。

⑤ 在设计树中选择插座底板,在弹出工具栏中单击编辑零部件 图标,单击装配凸台 图标,设置关联扣合特征,选项设置如图 5-89 所示,完成后返回到装配体模式。

注意：在塑料制品中设计这种装配凸台,如果凸台直径和翅片厚度过大,会引起塑料表面的收缩,要特别注意。

2. 弹簧扣及弹簧扣凹槽的应用

① 在设计树中选择插座底板,在弹出工具栏中单击编辑零部件 图标,单击弹簧扣 图标,设置选项如图 5-90 所示,单击 按钮。

图 5-88　装配凸台

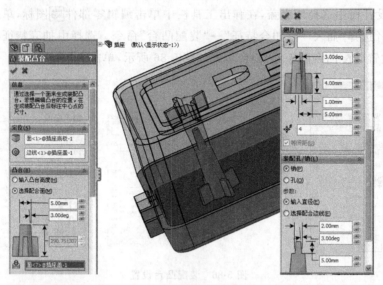

图 5-89 装配凸台关联设置

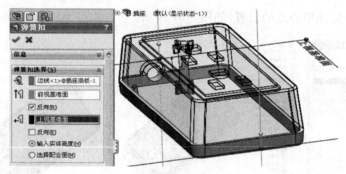

图 5-90 弹簧扣设置

② 定义弹簧扣的位置,打开并编辑 3D 草图( ),标注中心点的位置,退出 3D 草图绘制状态,如图 5-91 所示。

图 5-91 定义弹簧扣位置

③ 用镜像特征制作另一边的弹簧扣,设置选项如图 5-92 所示。完成后返回到装配体模式。

④ 在设计树中选择插座盖,在弹出工具栏中单击编辑零部件 图标,单击弹簧扣凹槽 图标,设置选项如图 5-93 所示,单击 按钮。

项目五　装配体设计

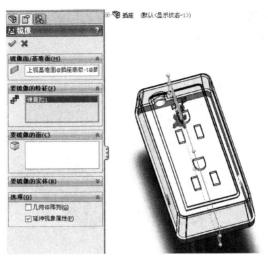

图 5-92　镜像弹簧扣

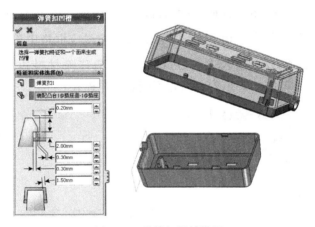

图 5-93　弹簧扣凹槽设置

⑤ 用镜像特征制作另一边的弹簧扣凹槽,设置选项如图 5-94 所示。完成后返回到装配体模式。

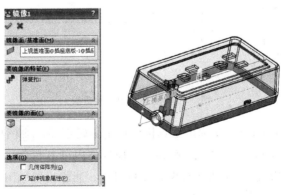

图 5-94　镜像弹簧扣凹槽

3. 唇缘/凹槽的应用

① 打开"首饰盒.sldasm"文件，如图 5-95 所示。

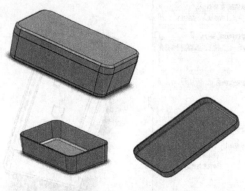

图 5-95　首饰盒

② 在设计树中选择盒盖，在弹出工具栏中单击编辑零部件图标，单击唇缘/凹槽图标，或者选择"插入"→"扣合特征"→"唇缘/凹槽"命令。在 PropertyManager 对话框中，代表唇缘/凹槽，代表凹槽，代表唇缘，在凹槽对应框格中单击盒盖。在中选入要生成凹槽的面，在中选入边线，边线选在凹槽移除材料边。凹槽参数设置如图 5-96 所示，完成后单击✓按钮，存盘后返回到装配体模式。

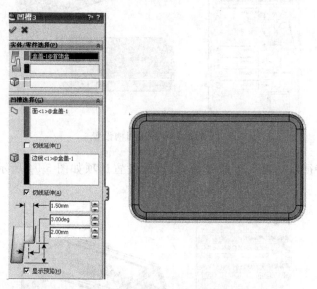

图 5-96　盒盖凹槽参数设置

③ 在设计树中选择底盒，在弹出工具栏中单击编辑零部件图标，单击唇缘/凹槽图标，在 PropertyManager 对话框中，在唇缘对应框格中单击底盒。在中选入要生成唇缘的面，在中选入边线，边线选在唇缘添加材料边。唇缘设置如图 5-97 所示，完成后单击✓按钮，存盘后返回到装配体模式。

项目五　装配体设计

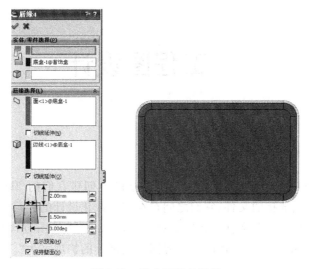

图 5-97　底盒唇缘的设置

练 习 题 五

1. 将如图 5-98 所示的输入轴零件装配在一起,并利用智能扣件工具(　)创建紧固件。

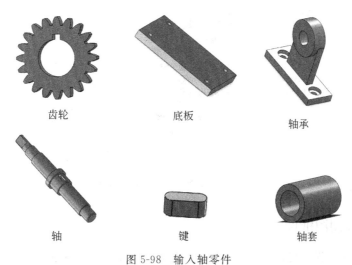

图 5-98　输入轴零件

2. 用从上至下的方法设计一个盒子,形状与尺寸自定,并给盒子添加唇缘/凹槽和两个装配凸台。

项目六

工程图设计

SolidWorks 可以在 3D 实体零件和装配体基础上创建它们的 2D 工程图。零件、装配体和工程图是互相链接的文件,它们之间存在着参数化设计的关系,若对零件或装配体做任何更改都会导致工程图文件的相应变更。一般来说,工程图包含几个由模型建立的视图,也可以由现有的视图建立视图。工程图文档名称的扩展名为".slddrw"。

知识与技能目标

能够用已经建好的实体零件模型和装配体模型创建出零件工程图和装配工程图,并添加符合国家标准的尺寸标注、技术要求、图框和标题栏等。

常用的工程图工具栏各图标名称如图 6-1 所示,包括视图布局工具栏、注释工具栏、表格工具栏。

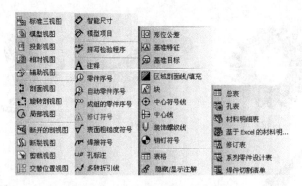

图 6-1 工程图工具栏各图标名称

(一) 工程图图纸设置

在进入建立工程图界面后,首先要为工程图文件设定如下选项。

1. 系统工程图选项

单击选项图标,或选择"工具"→"选项"命令,系统将弹出"系统选项"对话框。

① 在对话框中的"系统选项"下单击"工程图",指定视图的各种显示和更新选项。

② 在对话框中的"系统选项"下单击"显示类型",指定视图的显示模式和相切边线显示。

③ 在对话框中的"系统选项"下单击"区域剖面线/填充",指定剖视图区域剖面线的

阵列、比例及角度。

④ 在对话框中的"系统选项"下单击"大型装配体设定",指定装配体视图的显示模式的默认设定。

在"系统选项"下设定的选项会应用到所有的文件。

2. 文件指定的出详图选项

单击选项图标,或选择"工具"→"选项"命令,系统将弹出"系统选项"对话框,在对话框的"文件属性"下可分别选择"尺寸标注"、"注释"、"零件序号"、"箭头"、"虚拟交点"、"注解显示"、"注解字体"选项来定义工程图中的各种标注。

在"文件属性"下设定的选项仅应用到激活的文件。

3. 页面设置

选择"文件"→"页面设置"命令来指定如纸张边界、纸张方向、打印工程图比例、自定义的页眉和页脚等属性,以符合打印机或绘图机的要求。

4. 工程图纸

自定义工程图模板以符合GB(中华人民共和国国家标准,简称国标)图纸所需标准。自定义内容如下。

① 图纸格式:自定义信息区及文字。

② 图纸设置:改变图纸大小及方向、图纸比例以及第一角或第三角投影法。

5. 模板

可以设定模板中的工程图、出详图和标准选项,还可以将工程图文件保存为工程图模板。

(二)工程图设计内容

1. 建立零件三视图

三视图又称为标准三视图,它能为所显示的零件同时生成三个默认正交视图,即主视图、俯视图及侧视图。它们之间有固定的对齐关系,可以根据需要解除它们之间固定的对齐关系。

2. 建立零件的剖视图

为了更清晰地表达零件的内部及其外部结构,除标准三视图外,还需要建立零件的剖视图。

3. 建立零件的局部视图及轴测图

有时还需要在工程图中生成一个局部视图来显示一个视图的某个部分(通常是以放大比例显示)。局部视图可以是正交视图、3D视图或是剖面视图。有时还借助零件的轴测图来清晰地反映零件实体的全貌。

4. 建立零件的辅助视图

零件的辅助视图是垂直于现有视图中参考边线的展开视图。

5. 表面粗糙度、几何公差的标注

完成零件各视图的建立后,除了要进行尺寸标注外,有时还要进行零件的表面粗糙度、几何公差的标注。

6. 注释及零件序号（装配体工程图）

对于装配体工程图，可以单击 图标（标准工具栏），然后在"文档属性"选项卡中选择"注解"→"零件序号"，指定零件序号注解的文档层绘图设定。

7. 标题栏及明细表（装配体工程图）

对于装配体工程图，可以单击 图标（标准工具栏），然后在"文档属性"选项卡中选择"表格"→"材料明细表"，指定材料明细表的文档层绘图设定。

8. 保存工程图文档

新工程图使用所插入的第一个模型的名称，该名称出现在标题栏中。当保存工程图时，模型名称作为默认文件名出现在"另存为"对话框中，并带有默认扩展名".slddrw"，也可在保存工程图文档之前编辑名称。

任务一　零件工程图

一、知识与技能准备

（一）生成零件工程图

1. 从零件文件生成工程图

打开零件图，选择"文件"→"从零件制作工程图"命令，或者单击 图标（标准工具栏），选择"图纸格式/大小"对话框中的选项，单击"确定"按钮，如图6-2所示；从"查看调色板"对话框中将视图拖动到工程图图纸中，如图6-3所示；然后对"投影视图"的选项进行设置，如图6-4所示，单击 按钮。

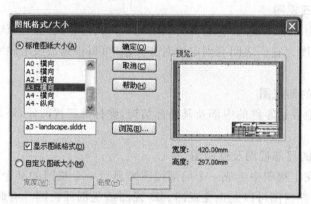

图6-2　"图纸格式/大小"对话框

注意：零件在生成其关联工程图之前必须进行保存。

2. 创建新的工程图

单击新建图标 （标准工具栏），或选择"文件"→"新建"命令。在"新建 SolidWorks 文件"对话框中单击"工程图（ ）"，然后单击"确定"按钮。设置"图纸格式/大小"对话框中

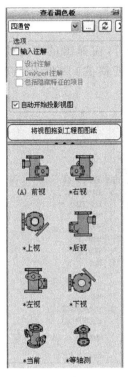

图 6-3　将视图拖入工程图图纸中　　　　图 6-4　"投影视图"选项设置

的选项,单击"确定"按钮。在"模型视图"对话框中的"打开文档"栏选择或浏览需要建工程图的模型,并在"投影视图"对话框中指定选项,然后将视图放置在图形区域中,如图 6-5 所示。

图 6-5　创建新的工程图

(二) 编辑图纸格式

① 在 FeatureManager 设计树中,右击"图纸格式",在弹出的右键快捷菜单中执行"编辑图纸格式"命令,如图 6-6(a) 所示,此时图纸格式(图框及标题栏)便可编辑了。

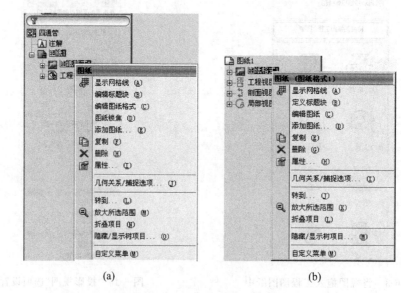

图 6-6 "编辑图纸格式"命令

② 进入编辑图纸格式模式后,可以按照 GB 修改标题栏,包括标题栏的重新设计、文字修改等。例如双击"DRAWN",输入"绘图"两字,即对标题栏中的文字进行了修改,如图 6-7 所示。图纸格式编辑完成后,在 FeatureManager 设计树中,右击"图纸格式",在弹出的右键快捷菜单中执行"编辑图纸"命令,如图 6-6(b) 所示,然后返回。

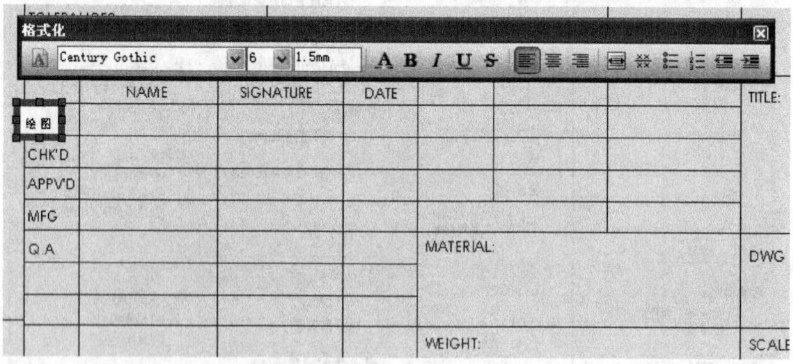

图 6-7 编辑标题栏文字

二、任务内容

建立如图 6-8 所示的四通管零件的工程图,并完成尺寸标注、形位公差标注等。

图 6-8　四通管零件图

三、思路分析

要清楚地表达四通管零件内、外部的结构与尺寸,其设计意图如下:主视图用旋转剖视图,俯视图用阶梯剖视图,用两个局部视图和一个斜视图表达几个通口的形状。

四、操作步骤

生成四通管工程图的操作步骤如下。

① 打开四通管零件图(文件名为"四通管"),选择"文件"→"从零件制作工程图"命令,在"图纸格式/大小"对话框中选择"A3-横向",单击"确定"按钮,从"查看调色板"对话框中将主视图拖动到工程图图纸中,在"投影视图"对话框中接受默认的选项设置,单击✔按钮,此时"四通管"的名称出现在标题栏中,如图 6-9 所示。

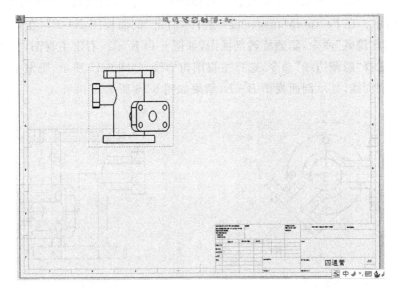

图 6-9　拖入四通管主视图

② 保存工程图。"四通管"作为默认文件名出现在"另存为"对话框中,并带有默认扩展名".slddrw"。

③ 绘制俯视图(阶梯剖视图)。单击草图,绘制直线如图 6-10 所示。按 Ctrl 键选择刚绘好的直线,单击视图布局中的剖面视图图标,将阶梯剖视图拖到俯视图的位置,

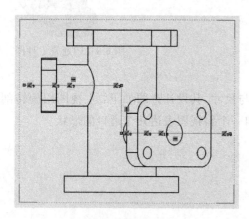

图 6-10 绘制直线(一)

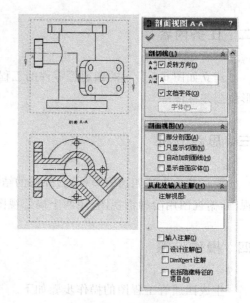

图 6-11 阶梯剖视

在"剖面视图"对话框中可设置剖视方向,如图 6-11 所示。

④ 绘制主视图(旋转剖视图)。在俯视图中绘制直线,如图 6-12 所示,按 Ctrl 键选择刚绘好的直线,单击视图布局中的旋转剖视图图标 ,将旋转剖视图拖到主视图的位置,如图 6-13 所示。在 FeatureManager 设计树中,右击"剖面视图 B—B",在弹出的右键快捷菜单中选择"隐藏"命令,隐藏旋转剖视图,如图 6-14 所示。右击主视图,在弹出的右键快捷菜单中选择"隐藏边线"命令,选择主视图轮廓线,如图 6-15 所示,隐藏主视图轮廓后只剩 A—A 剖面线,显示剖面视图 B—B,结果如图 6-16 所示。

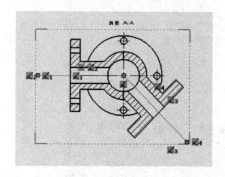

图 6-12 绘制直线(二)

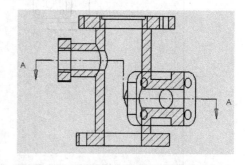

图 6-13 将旋转剖视图与主视图对齐

操作技巧:如果对剖面线 A—A、B—B 箭头位置不满意,如太靠里或者太靠外,可以编辑直线的长短,直到满意为止。

⑤ 绘制左侧通口的形状(局部视图)。单击左侧通口的边缘,单击投影视图图标 ,将图形拖到右侧放置,将不需要的线条隐藏,如图 6-17 所示。

项目六　工程图设计

 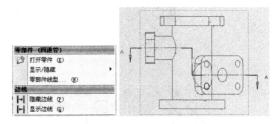

图 6-14　隐藏旋转剖视图　　　　　　图 6-15　隐藏主视图轮廓线

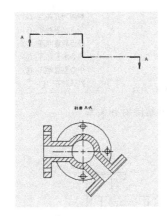 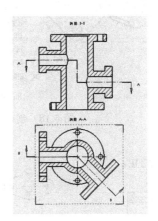

图 6-16　旋转剖视图结果

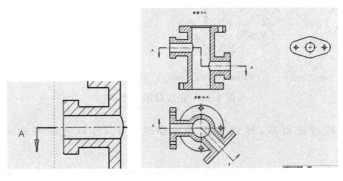

图 6-17　左侧通口的局部视图

注意：由于左侧通口的向视图是在左视图的位置，按基本视图配置的图形中间如果没有其他图形隔开，则不需要标注视图名称。

⑥ 绘制右侧通口的形状（斜视图）。单击右侧通口的边缘，单击辅助视图图标，将

图形拖到右下侧放置。右击斜视图,选择"视图对齐"→"解除对齐关系"命令,如图6-18所示。将视图拖到合适的位置,把不需要的线条隐藏,如图6-19所示。

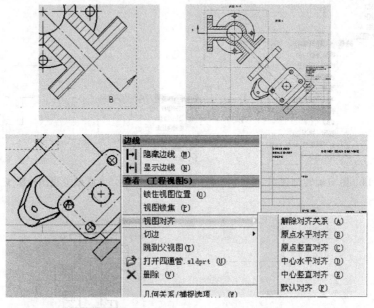

图6-18 创建斜视图并解除对齐关系

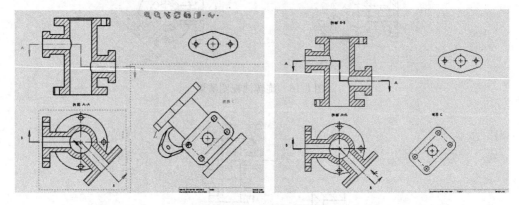

图6-19 完成后的斜视图

注意:形成辅助视图后,标注往往不在合适位置,可以将其移动并调整到满意的位置。

⑦ 绘制上侧通口的形状(局部视图)。单击上侧通口的边缘,单击辅助视图图标,将图形拖到上侧放置,如图6-20所示。右击刚创建的视图,选择"视图对齐"→"解除对齐关系"命令。将视图拖到合适的位置,把不需要的线条隐藏,如图6-20所示。

⑧ 添加及修改中心线。选择"插入"→"注解"→"中心线"命令,结果如图6-21所示。

⑨ 标注尺寸。单击智能尺寸图标,可在"尺寸"对话框中的"标注尺寸文字"栏中进行设置,比如对线性尺寸添加ϕ和对相同的结构添加$4×\phi5$等。尺寸标注完成后的效果

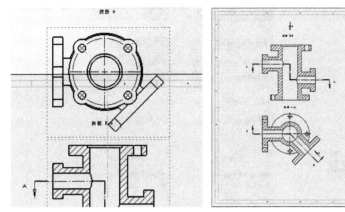

图 6-20　上侧通口形状的局部视图

 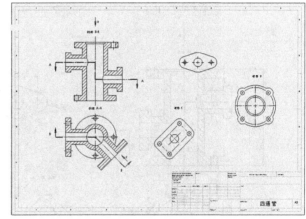

图 6-21　添加及修改中心线

如图 6-22 所示。

⑩ 标注形位公差。单击形位公差图标⬜，在弹出的"属性"对话框中做相应的设置，如图 6-23 所示。将 ⊥ 0.02 A 小框格带的引线拖到应该放置的位置；单击基准特征图标⬜，将基准符号拖到基准位置，如图 6-24 所示。

⑪ 编辑标题栏。在 FeatureManager 设计树中，右击"图纸格式"，选择"编辑图纸格式"命令，然后编辑标题栏，编辑完成后如图 6-25 所示。

⑫ 编写技术要求。单击注释图标 **A**，可以在图形的任何地方添加注释。注释添加完成后的零件工程图如图 6-26 所示。

五、知识扩展

1. 设置图形比例

打开轴零件图，选择"文件"→"从零件制作工程图"命令，在"图纸格式/大小"对话框中

SolidWorks 项目式应用教程

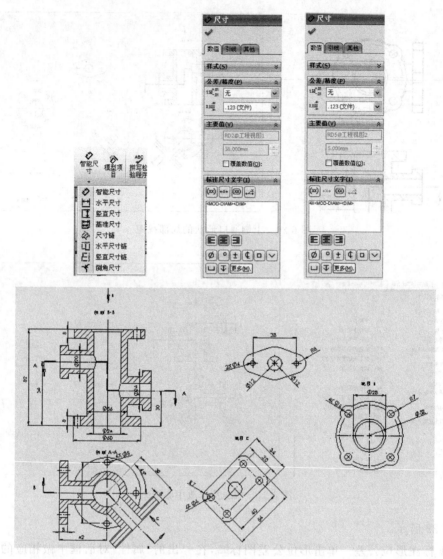

图 6-22 尺寸标注

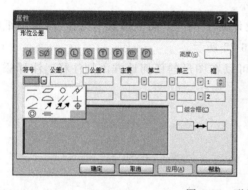
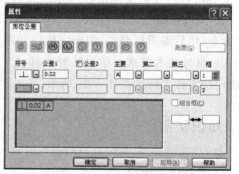

图 6-23 形位公差设置

项目六 工程图设计

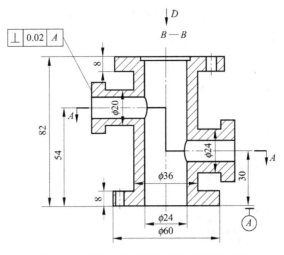

图 6-24 形位公差符号和基准符号的放置

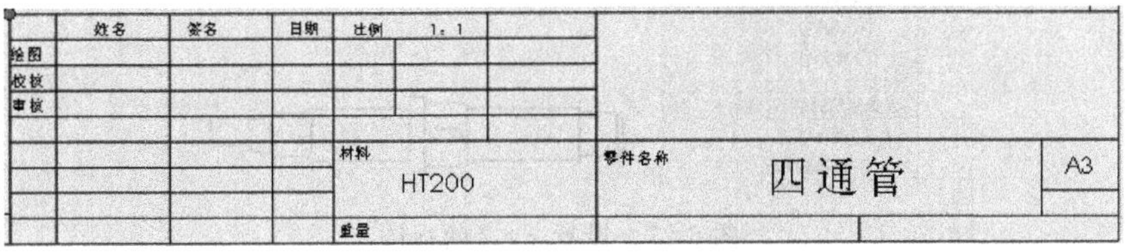

图 6-25 编辑后的标题栏

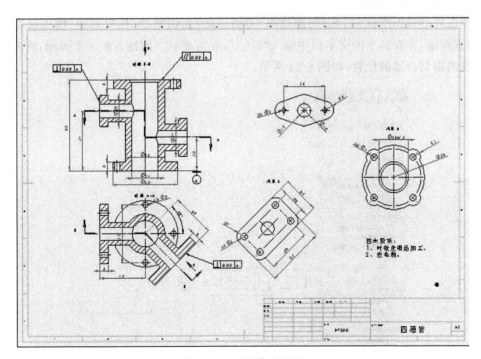

图 6-26 四通管工程图

选择"A4-横向",单击"确定"按钮,从"查看调色板"对话框中将主视图拖动到工程图图纸中,在"投影视图"对话框的"比例缩放"栏中选中"使用自定义比例"单选按钮,并在其下的文本框中输入"1:2",单击 ✓ 按钮,如图 6-27 所示。

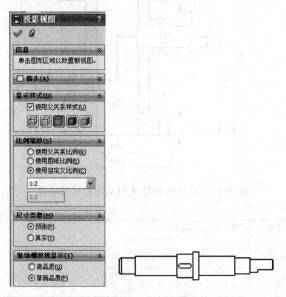

图 6-27　设置 1:2 的视图

2. 创建局部放大图

单击局部视图图标 ⒜,在"局部视图"对话框的"比例缩放"栏中选中"使用自定义比例"单选按钮,并在其下的文本框中输入"2:1",在需要放大的地方画一个圆圈,将放大的局部视图拖到合适的位置,如图 6-28 所示。

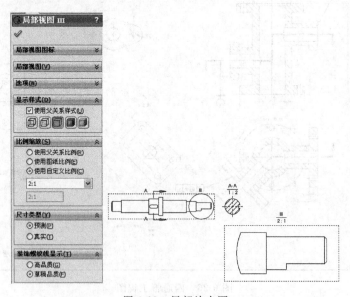

图 6-28　局部放大图

任务二 装配体工程图

一、知识与技能准备

装配图与零件图不同,装配图只标注与部件的性能、装配、安装、运输等有关的尺寸。同时,为了便于看图、装配、图样管理以及生产准备工作,在装配图中,必须对每种零件或零件组标注序号,并在标题栏上方填写与图中序号一致的明细栏,用以说明每种零件的名称、数量、材料、规格等。

SolidWorks 装配体工程图除了具有零件工程图的各种功能外,还具有建立装配体工程图中的材料明细表和零件序号等功能。建立装配体工程图和建立零件工程图的方法基本相同,在生成工程图视图前,必须先保存装配体文件。

1. 从装配体文件内生成工程图

① 单击标准工具栏中的 ▧ 图标(零件/装配体制作工程图),或选择"文件"→"从装配体制作工程图"命令。

② 在"新建 SolidWorks 文件"对话框中单击 ▦ 工程图 图标,然后单击"确定"按钮。

③ 选择"图纸格式/大小"对话框中的选项,然后单击"确定"按钮。

④ 从"查看调色板"对话框中将视图拖动到工程图图纸中,然后在 PropertyManager 中设定选项。

2. 生成新的工程图

① 单击标准工具栏中的新建图标 ▯,或选择"文件"→"新建"命令。

② 在"新建 SolidWorks 文件"对话框中单击 ▦ 工程图 图标,然后单击"确定"按钮。

③ 选择"图纸格式/大小"对话框中的选项,然后单击"确定"按钮。

④ 在"打开文件"对话框中选择一个模型,或打开一个装配体文件。

⑤ 在 PropertyManager 中指定选项,然后将视图放置在图形区域中。

3. 生成剖面视图

① 单击工程图视图布局工具栏中的 ▧ 剖面视图 图标。

② 绘制一穿过前视图中央的水平线,指针形状将变为 ✎。推理线和位置指示符表示是否穿越视图的中央进行绘制。

注意:此时,如果出现一对话框询问是否将生成部分剖切,请单击"否"按钮。

③ 在弹出的"剖面视图"对话框中,勾选 ☑ 自动打剖面线(A) 复选框,调整剖面线方向,并在"剖面范围"内选入不需要剖视的零件,单击"确定"按钮。

④ 移动鼠标将剖面视图拖到一视图上,并单击将其放置于此位置(当移动指针时,会显示剖面视图位置的预览)。至此,完成装配体剖面视图的建立。

4. 生成断开的剖视图

① 单击工程图视图布局工具栏中的 ▧ 断开的剖视图 图标。

② 绘制一样条曲线。所绘制的样条曲线指定断开的剖视图的边界。

③ 在弹出的"剖面视图"对话框中，勾选 ☑ 自动打剖面线(A) 复选框，调整剖面线方向，并在"剖面范围"内选入不需要剖视的零件，单击"确定"按钮。

④ 在图形区域中，为"深度"选择孔的边线，断开的剖视图成形到所选孔的深度。

⑤ 单击 ✔ 按钮。

⑥ 在断开的剖视图中将指针移动到剖面线上，当指针变成 时，单击以打开 PropertyManager，编辑断开的剖视图的剖面线以易于看见。

5. 设置材料明细表

在打开工程图的情况下单击标准工具栏中的选项图标 ，在打开的对话框中选择"文档属性"选项卡，然后选择"表格"→"材料明细表"，如图 6-29 所示。可以通过设置"边界"、"文本"、"图层"等选项，指定材料明细总表的文档层绘图设定。

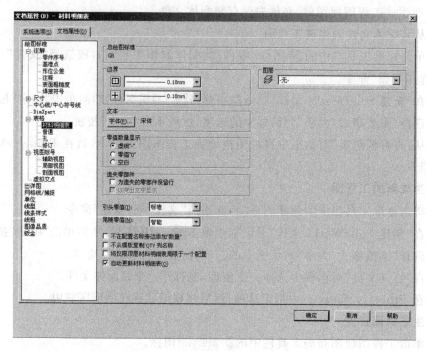

图 6-29 设置材料明细表

6. 插入材料明细表（BOM）

（1）选择装配体工程图等轴测视图。

（2）单击工程图表格工具栏中的 材料明细表 图标。

（3）在 PropertyManager 中进行以下相应设置。

① 在"表模板"下单击为材料明细表打开表格模板图标 。

② 打开 BomTemplate.sldbomtbt 文件，此模板以基于模型的列生成。

③ 在"材料明细表类型"下，选择"仅限零件"。

④ 单击 ✔ 按钮。

(4) 单击以将材料明细表 BOM 放置在工程图图纸的左下角。

(5) 在材料明细表 PropertyManager 中的"表格位置"下单击左下角图标▦，然后单击✓按钮。

(6) 根据放大后的图形将材料明细表捕捉到边角。

7．零件序号

在打开工程图的情况下单击标准工具栏中的选项图标▦，选择"文档属性"选项卡，然后选择"注解"→"零件序号"，如图 6-30 所示。可以通过设置基本零件序号标准、引线样式、框架样式、文本、引线显示、图层、单零件序号、成组的零件序号、自动零件序号布局等选项，指定零件序号注解的文档层绘图设定。

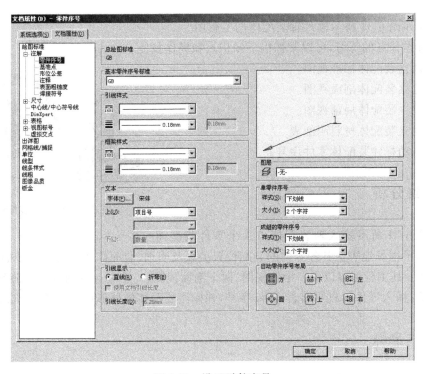

图 6-30　设置零件序号

8．插入零件序号

在插入材料明细表后，使用零件序号可帮助识别 BOM 中的单个项目。零件序号可手工或自动插入。

① 按住 Ctrl 键后先选择用做标注零件序号的视图。

② 单击自动零件序号图标▦(注解工具栏)。

③ 在 PropertyManager 中的"零件序号布局"下，勾销"忽略多个实例"复选框。这样，零件序号在两个工程图视图中出现。

④ 单击✓按钮。

零件序号中的项目号与 BOM 中对等。将视图和零件序号来回移动以根据不同的需要进行组织。

9. 插入注释

① 单击工程图注解工具栏中的 **A 注释** 图标。

② 单击工程图图纸的左下角以放置注释。

③ 输入"注意:"。

④ 按 Enter 键。除非另有指定,所有边角和圆角都为 $R0.05$。

⑤ 单击注释 PropertyManager 中的 ✔ 按钮。

二、任务内容

建立如图 6-31 所示输入轴装配体的工程图。

通过本任务的练习,可以掌握以下知识点和操作技能。

① 建立装配体标准视图。

② 建立装配体剖面视图。

③ 建立装配体局部视图。

④ 建立装配体材料明细表。

⑤ 自动标注装配体零件序号。

图 6-31　输入轴装配体

三、思路分析

如图 6-31 所示输入轴装配体由六个零件装配而成的。为了很好地表达其各零件的装配位置关系及明细、装配体装配尺寸与外形尺寸,设计意图为:其工程图可以由一个俯视图、两个剖面视图、一个局部视图和一个旋转局部视图来表达,插入零件材料明细表、零件序号,并标注装配体的外形尺寸,如图 6-32 所示。

四、操作步骤

1. 由输入轴装配体文件生成上视视图

① 打开输入轴文件。

② 单击装配体文件标准工具栏中的 图标(零件/装配体制作工程图)。

③ 在系统弹出的"新建 SolidWorks 文件"对话框中单击 工程图 图标,然后单击"确定"按钮。

④ 在"图纸格式/大小"对话框中选中 ⊙ 标准图纸大小(A) 单选按钮,单击 浏览(B)... 按钮,选取 A3 图纸,然后单击"确定"按钮。

⑤ 从"查看调色板"对话框中将输入轴装配体上视视图拖动到工程图图纸中,如图 6-33 所示。在 PropertyManager 中设定选项后,单击 ✔ 按钮。

2. 由上视视图生成两个全剖视图

① 分别单击工程图注解工具栏中的 中心线 、 中心符号线 图标,在上视视图上标

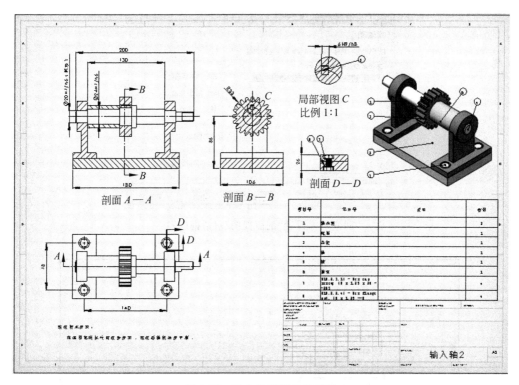

图 6-32 输入轴装配体工程图

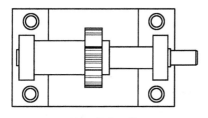

图 6-33 输入轴装配体上视视图

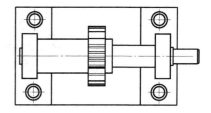

图 6-34 在上视视图绘制中心线

注轴的中心线、四个螺钉孔的中心符号,如图 6-34 所示。

② 单击工程图视图布局工具栏中的 剖面视图 图标,绘制一条过轴的中心线并穿越视图中央的水平线,在弹出的"剖面视图"对话框中勾选 自动打剖面线(A) 复选框,调整剖面线方向,并在"剖面范围"内选入不需要剖视的轴,如图 6-35 所示,单击"确定"按钮。

注意:如果绘制的水平线没有完成穿越视图,会出现一对话框询问是否要生成部分剖切,请单击"否"按钮。

③ 移动鼠标将剖面视图拖到前视视图上,并单击将其放置于此位置(当移动指针时,会显示剖面视图位置的预览)。如图 6-36 所示,完成装配体剖面视图 A—A 的建立。

④ 过装配体剖面视图 A—A 上的齿轮绘制一条穿越视图的垂直线。按与步骤②、③相同的方法,但在"剖面视图"对话框中的"剖面范围"内不选入轴,并将视图拖动到左视视

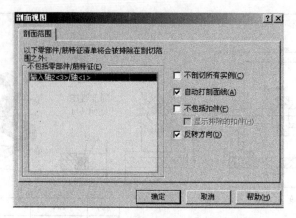

图 6-35 设置"剖面视图"对话框(一)

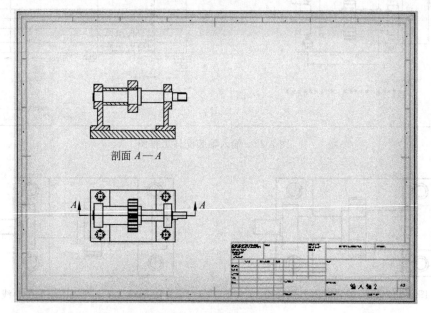

图 6-36 建立装配体剖面视图(一)

图的位置上,建立装配体剖面视图 B—B,如图 6-37 所示。

⑤ 单击工程图注解工具栏中的 中心线图标,在装配体剖面视图 A—A、B—B 上标注中心线,如图 6-38 所示。

3. 在装配体剖面视图 B—B 上建立局部视图

① 单击工程图视图布局工具栏中的 局部视图 图标,局部视图 PropertyManager 出现,圆 工具被激活。

② 在剖面视图 B—B 上绘制一个圆,如图 6-39 所示。拖动视图位于所需的位置时,单击放置视图,完成局部视图 C 的建立。

4. 在上视视图上建立一个旋转剖视图

① 单击工程图视图布局工具栏中的 旋转剖视图图标,绘制一条过联接标准件中心线

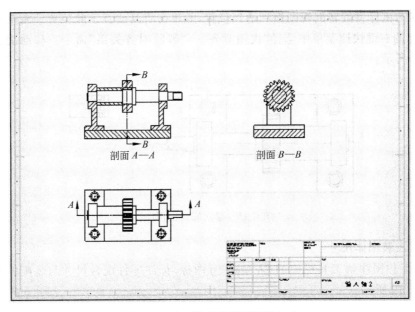

图 6-37　建立装配体剖面视图（二）

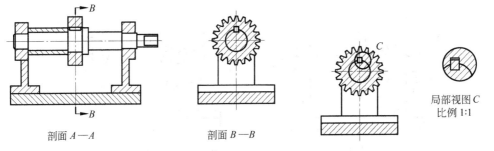

图 6-38　在剖面视图上标注中心线　　　图 6-39　在剖面视图 B—B 上建立局部视图

的折线。在弹出的"剖面视图"对话框中勾选 ☑ 自动打剖面线(A) 复选框，调整剖面线方向，并在"剖面范围"内选入不需要剖视的两个联接标准件，如图 6-40 所示，单击"确定"按钮。

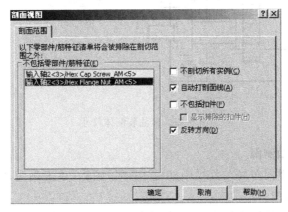

图 6-40　设置"剖面视图"对话框（二）

② 移动鼠标将旋转剖视图拖到适当位置，并单击将其放置于此位置。右击旋转剖视图，在弹出的右键快捷菜单中选择"视图对齐"→"解除对齐关系"命令。移动旋转剖视图如图 6-41 所示。

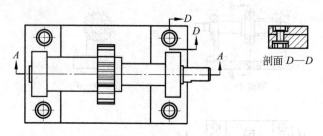

图 6-41　建立旋转剖视图

5. 标注装配体尺寸

单击工程图注解工具栏中的 ◇ 智能尺寸图标，标注零件配合尺寸与装配体的外形尺寸，如图 6-42 所示。

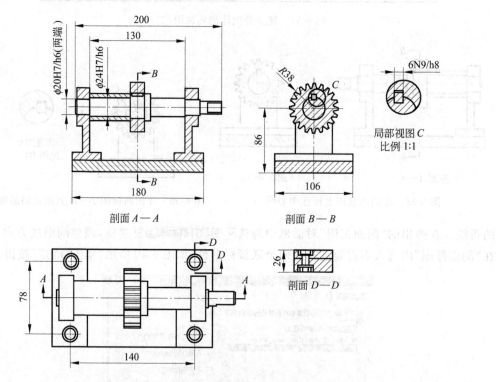

图 6-42　标注装配体尺寸

6. 建立装配体轴测图

① 单击工程图视图布局工具栏中的 投影视图图标，单击剖面视图 $B—B$，工程视图 PropertyManager 出现。

② 移动鼠标使其投影实体为轴测图，将轴测图拖到适当位置，并单击将其放置于此

位置。

③ 在工程视图 PropertyManager 显示样式下单击 图标,使轴测图实体显示。单击 PropertyManager 中的 按钮,完成轴测图的建立,如图 6-43 所示。

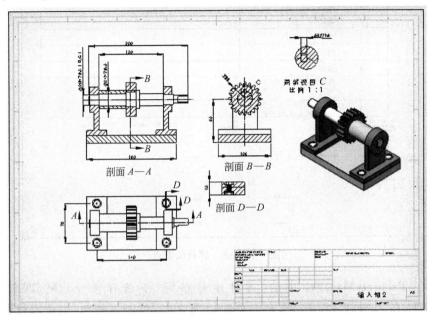

图 6-43 建立装配体轴测图

7. 插入注释

① 单击工程图注解工具栏中的 注释 图标。

② 单击工程图图纸的左下方以放置注释。

③ 输入"装配技术要求:保证图纸所标注的配合要求,装配后轴转动要平顺。",如图 6-44 所示。

图 6-44 插入注释

④ 单击注释 PropertyManager 中的 按钮。

8. 插入材料明细表

① 选择装配体工程图等轴测视图,单击工程图表格工具栏中的 材料明细表 图标。

② 在 PropertyManager 中的"材料明细表类型"下,选中 仅限零件 按钮,单击 按钮。

③ 拖动鼠标并单击以将材料明细表放置在工程图标题栏上,如图 6-45 所示。

9. 插入零件序号

① 按住 Ctrl 键依次选择局部视图、旋转剖视图和轴测图,单击工程图注解工具栏中的 自动零件序号图标。

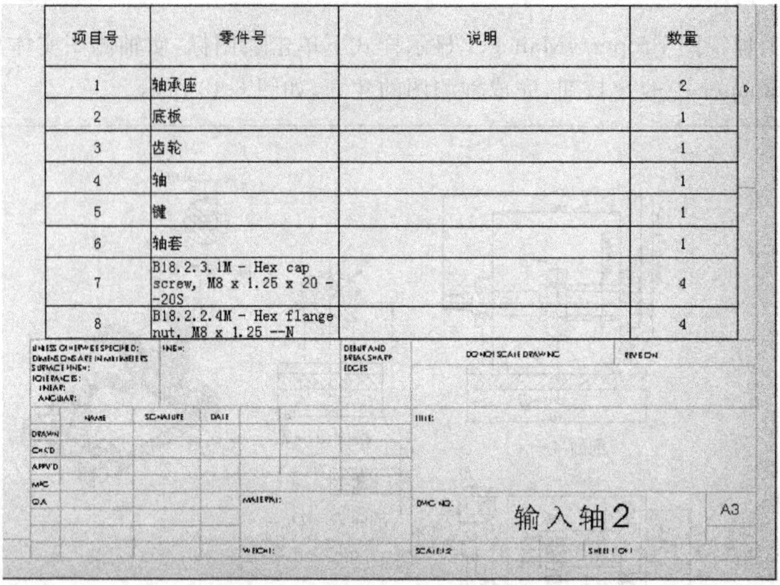

项目号	零件号	说明	数量
1	轴承座		2
2	底板		1
3	齿轮		1
4	轴		1
5	键		1
6	轴套		1
7	B18.2.3.1M - Hex cap screw, M8 x 1.25 x 20 --20S		4
8	B18.2.2.4M - Hex flange nut, M8 x 1.25 --N		4

图 6-45 插入材料明细表

② 在 PropertyManager 中的"零件序号布局"下选择 ⊞右(R)、☑ 忽略多个实例(I)、⊙ 零件序号面,在"引线样式"下勾选 ☑ 使用文档显示(U) 复选框,单击 ✓ 按钮,完成零件序号的插入,如图 6-46 所示。

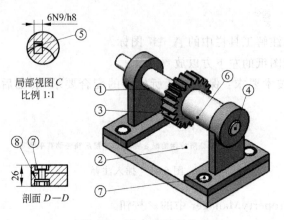

图 6-46 插入零件序号

10. 保存文档

保存工程图文档,文档名为"输入轴.slddrw"。

五、知识扩展

1. 数据接口

建立零件工程图后,可利用"另存为"(保存类型)命令,建立面向其他二维软件的

＊.dxf、＊.dwg 等文件，以实现 SolidWorks 软件与 AutoCAD、MasterCAM 等软件零件特征的相互转换。

2. 输入 AutoCAD 工程图

将 AutoCAD 中生成的现有 2D 设计图输入 SolidWorks 并进行修改，然后另存为 SolidWorks 工程图。输入现有的 2D AutoCAD 工程图的操作如下。

（1）单击标准工具栏中的打开图标。

（2）在"文件类型"中选择"DWG(＊.dwg)"。

（3）选择要输入的文件，然后单击"打开"按钮。

（4）在"DXF/DWG 输入"对话框中进行以下相应设置。

① 点选"生成新的 SolidWorks 工程图"和"转换到 SolidWorks 实体"单选按钮，如图 6-47 所示。

② 单击"下一步"按钮。

③ 在"DXF/DWG 输入-工程图图层映射"对话框中接受默认值。

④ 在"几何体定位"下，选择在图纸中"置中"，使输入的工程图在工程图纸中置中。

⑤ 单击"完成"按钮，要输入的文件输入为 SolidWorks 工程图文件。

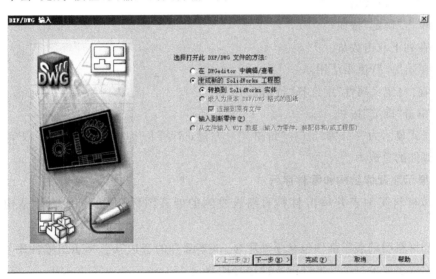

图 6-47 "DXF/DWG 输入"对话框

3. 插入块

① 单击点图标（草图绘制工具栏）。

② 单击工程图图纸的左下角以放置点。

③ 在 PropertyManager 中的"参数"下，将 X 坐标和 Y 坐标设定为 0.5。

④ 单击 ✓ 按钮。

⑤ 单击插入块图标（块工具栏）。

⑥ 在 PropertyManager 的"要插入的块"下选择"TITLE_BLOCK"。

⑦ 选取点以插入块，将其基准点定在草图点处。

⑧ 单击 ✓ 按钮。

4. 自定义材料明细表

材料明细表有两个空列——价格和成本，可使用自定义属性和方程式来填充列。

（1）通过将指针移到列的上方然后在指针变成 ⬇ 时双击来选择"价格"列。

（2）在列 PropertyManager 中进行以下相应设置。

① 在列"属性"中选择"自定义属性"。

② 从自定义属性清单中选择"价格"。

每个零部件的价格都已随零件保存，列以每个零部件的价格递增。

③ 在材料明细表外单击以关闭 PropertyManager。

（3）选择"成本"列。

（4）在列 PropertyManager 中进行以下相应设置。

① 在列"类型"中选择"方程式"。

② 单击方程式编辑器图标 Σ。

（5）在弹出的对话框中进行以下相应设置。

① 为小数位数输入 2。

② 单击"确定"按钮。

③ 在列下双击数量。

④ 单击"＊"（供乘法用）。

⑤ 在"自定义属性"中选择"价格"。

⑥ 单击"确定"按钮。

方程式显示为"{2}'数量'＊'价格'"。方程式计算每个零部件的数量乘以单位价格，给出零部件的总成本。

5. 显示装配体结构和零件序号

选择材料明细表并单击材料明细表左侧的展开图标 ⋮ 以显示装配体结构和零件序号。

只要材料明细表零部件包含零件序号，该零部件的旁边就会标示出零件序号。零件序号内的数字表示每个零部件的零件序号的数量。

6. 生成爆炸视图

通过使用装配体的爆炸配置工具可在工程图中生成爆炸视图。

① 单击工程图视图布局工具栏中的 模型视图 图标，在 PropertyManager 中单击"浏览"按钮，然后打开要生成爆炸视图的装配体（爆炸装配体）。

② 在 PropertyManager 中的"方向"下单击等轴测图标，在"比例"下选择适当比例。

③ 拖动视图将之放置在工程图中，然后单击 ✓ 按钮。

7. 建立尾座零件的爆炸视图

建立如图 6-48 所示尾座零件的爆炸视图。

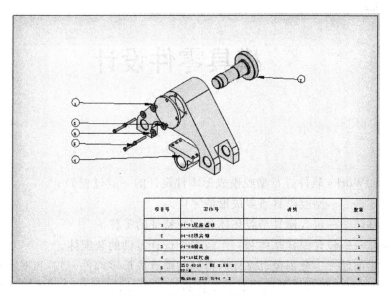

图 6-48 尾座零件的爆炸视图

练 习 题 六

建立如图 6-49 所示千斤顶装配图的工程图。

图 6-49 千斤顶装配图

项目七

模具零件设计

利用 SolidWorks 软件进行型腔模成形零件设计的一般过程如下。

① 工程零件——型腔模具所要成形的零件。

② 模具基体——包含模具型腔坯体和型腔特征的零件。

③ 装配体——包含模具基体和一个或多个设计零件的装配体。

④ 派生零部件——分割模具基体后得到的模具成形零部件(型芯和型腔)。

通常先由产品零件设计型腔模具装配体得到模具基体,然后分割模具基体得到模具的成形零件(派生零部件),如图 7-1 所示。模具基体与所要成形的工程零件有关,如果工程零件改变形状,模具基体、派生零部件也将随工程零件而改变。

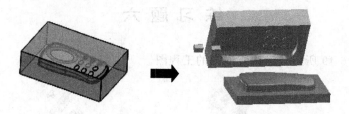

图 7-1　分割模具基体得到模具的成形零件

知识与技能目标

理解模具成形零件的设计意图;能合理选用模具工具创建模具成形零件;掌握基于特征的参数化实体建模方法来设计模具成形零件。

常用的建立模具型腔特征的工具栏各图标名称如图 7-2 所示。

图 7-2　建立模具型腔特征的工具栏

一般情况下,型腔模成形零件的设计过程如下。

(1) 拔模分析。用 拔模分析 工具检查模型的面,识别并直观地显示拔模不足的区域,从而确保零件能够从切削中弹出。

（2）检查底切区域。用 [底切分析] 工具检查底切区域，识别并直观地显示可能会阻止零件从模具弹出的围困区域（此类区域需要一种叫"侧型芯"的结构以减少底切应力，侧型芯在模具打开时会从模具中弹出）。

（3）缩放模型。用 [型腔] 工具生成型腔，并调整模具基体型腔尺寸的大小，以考虑塑料冷却时的收缩因素。对于畸形零件和玻璃填充塑料，可以指定非线性值。

（4）选择生成分型面的分型线。用 [分型线] 工具生成分型线，可以随意围绕模型选择分型线。

（5）生成关闭曲面以防型芯与型腔之间发生渗漏。检查可能的孔组，然后用 [关闭曲面] 工具将它们自动关闭。此工具将生成曲面，以使用"无填充"、"相切填充"、"相触填充"或这三者的组合来填充打开的孔。"无填充"选项用于排除一个或多个通孔，这样可自动生成其关闭曲面，随后就可以生成型芯与型腔。

（6）生成分型面，从该面可以生成切削分割。使用 [分型面] 工具从先前生成的分型线处拉伸出曲面。这些曲面用于分割模具型腔几何体和模具型芯几何体（对于某些模型，可使用直纹曲面工具沿分型面边线生成连锁曲面）。

（7）添加连锁曲面至模型。对连锁曲面可应用以下方案。

① 简化模型。使用 [切削分割] 工具中的"自动"选项。

② 复杂的模型。使用 [直纹曲面] 工具生成连锁曲面。

（8）执行切削分割以分割型芯与型腔。用 [切削分割] 工具自动生成型芯和型腔。切削分割工具使用分型线、关闭曲面和分型面信息生成型芯和型腔，并需指定块大小。

（9）生成边侧型芯、挺杆和剪裁起模杆。使用 [型心] 从工具实体中抽取几何体来生成型芯特征。除此之外，还可以生成挺杆和剪裁起模杆。

（10）分割显示型芯和型腔。用 [移动/复制实体] 工具在指定的距离分割型芯和型腔。

任务一　烟灰缸型腔模成形零件设计

一、知识与技能准备

1. 型腔

对于简单模具，使用模具工具特征工具栏中的 [型腔] 工具，通过模具基体生成型腔。在模具基体中生成型腔的操作如下。

（1）将设计零件和模具基体插入临时装配体中。

（2）在临时装配体中，选择模具基体，然后单击装配体工具栏中的 编辑零部件图标 [图标]。所做的更改将反映在模具基体的原有零件文件中。若不想使原来的模具基体受影响，则使用模具基体零件"文件"菜单中的"另存为"命令用另一名称来保存；否则，原来的模具基体中将包括要插入的型腔。

（3）单击铸模工具工具栏中的型腔图标 [图标]，或选择"插入"→"模具"→"型腔"命令。

(4) 在 PropertyManager 中弹出"型腔"对话框,在对话框的"设计零部件"下从 FeatureManager 设计树选入工程零件。

(5) 在"比例参数"下进行以下相应设置。

① 为"比例缩放"选择比例缩放的中心点。

- 零部件重心。根据零件重心缩放每个零件的型腔。
- 零部件原点。根据零件原点缩放每个零件的型腔。
- 模具基体原点。根据模具基体零件的原点缩放每个零件的型腔。
- 坐标系。根据所选坐标系缩放每个零件的型腔。

② 在"比例缩放%"中输入比例缩放值。输入正值会使型腔膨胀,输入负值则会使型腔收缩。

勾选 ☑ 统一比例缩放(U) 复选框,统一比例缩放。输入一数值,在所有方向同比例缩放。

勾销 ☐ 统一比例缩放(U) 复选框,不均匀缩放。为 X、Y 和 Z 方向输入缩放比例数值。

(6) 单击 ✔ 按钮。

2. 分型线

分型线位于注塑模零件的边线上,在型芯和型腔曲面之间。它们用来生成分型面并分开曲面。在单一零件中可以生成多个分型线特征,也可以生成部分分型线特征。当零件中生成第一个分型线时,软件将自动生成型腔曲面实体文件夹 ◎ 和型芯曲面实体文件夹 ◎,并以适当曲面将之延展。生成一条分型线的操作如下。

(1) 单击模具工具特征工具栏中的 ⊖ 分型线 图标,或选择"插入"→"模具"→"分型线"命令。

(2) 在 PropertyManager 中按实际需要设定以下选项后,单击 ✔ 按钮。

① "模具参数"选项。

- 拔模方向。定义型腔实体拔模以分割型芯和型腔方向。选择一基准面、平面或边线,箭头会显示在模型上(注意箭头的方向,若改变方向单击反向按钮 ⇌)。
- 拔模角度 ⌂。设定一个值,对于小于此数值的拔模的面在分析结果中报告为无拔模。
- ☑ 用于型心/型腔分割(U)。勾选此复选框以生成一定义型芯/型腔分割的分型线。
- ☑ 分割面(S)。勾选此复选框以自动分割在拔模分析过程中找到的跨立面。
    a. ⊙ 于 +/- 拔模过渡(A)。分割正负拔模之间过渡处的跨立面。
    b. ○ 于指定的角度(T)。按指定的拔模角度分割跨立面。
- 拔模分析(D) 。单击该按钮以进行拔模分析并生成分型线。在单击"拔模分析"按钮以后:
    a. 在"拔模分析"下出现四个块,表示正拔模、无拔模、负拔模及跨立面的颜色。在图形区域中,模型面更改到相应的拔模分析颜色。
    b. 若要添加拔模,单击 ✘ 按钮退出 PropertyManager,然后对于 SolidWorks 模型,单击模具工具栏中的 ⌂ 拔模 图标;或对于输入的模型,单击模具工具栏中的 ⌂ 直纹曲面 图标。

注意：也可通过单击模具工具特征工具栏中的拔模分析图标 ![icon] 来进行拔模分析。

② "分型线"选项。

边线 ![icon] 列表框中显示为分型线所选择的边线的名称。在边线 ![icon] 列表框中可以：选择一个名称标注以便在图形区域中识别边线；或在图形区域中选择一条边线以从边线 ![icon] 列表框中添加或移除；或右击并选择"清除"命令以清除边线 ![icon] 列表框中的所有选择。

如果分型线不完整，那么会在图形区域中有一红色箭头在边线的端点出现，表示可能有下一条边线，并有以下选项。

- 添加所选边线 ![icon]。将由红色箭头指示的边线添加到边线 ![icon] 列表框中（可以按 Y 键来代替添加所选边线 ![icon] 工具）。
- 选择下一边线 ![icon]。更改红色箭头以指出下一条不同的可能边线（可以按 N 键来代替选择下一边线 ![icon] 工具）。
- 放大所选边线 ![icon]。放大到边线选择区域。

③ "要分割的实体"选项。

顶点或草图线段 ![icon]。在图形区域中选择顶点、草图线段或样条曲线来定义在何处分割面。

如果模型包括在正面和负面之间（即不包括跨立面）穿越的边线链，则分型线线段自动被选择，并列举在边线 ![icon] 列表框中。如果模型包括多个边线链，最长的边线链自动被选择。

若想自动选择不同的边线链：

- 右击并选择"消除"命令。
- 选择边线。
- 单击延伸 ![icon] 按钮以显示边线 ![icon] 列表框下的所有边线。

若想手工选择每条边线：

- 右击并选择"消除"命令。
- 选择边线。
- 在 PropertyManager 中，根据需要在"分型线"下单击添加所选边线 ![icon] 按钮和单击下一边线 ![icon] 按钮，直到所需要的所有边线出现在边线 ![icon] 列表框中。

3. 分型面

在决定分型线并生成关闭曲面后，生成分型面。分型面从分型线拉伸，用来将模具型腔从核心分离。若想生成切削分割（过程中的下一步），在曲面实体 ![icon] 文件夹中至少需要三个曲面实体，即一个型芯曲面实体、一个型腔曲面实体以及一个分型面实体。生成分型面的操作如下。

（1）单击模具工具特征工具栏中的 ![分型面图标] 图标，或选择"插入"→"模具"→"分型面"命令。

（2）在 PropertyManager 中按实际情况设定以下选项后，单击 ✓ 按钮。

① "模具参数"选项。

- ![相切于曲面(T)]。分型面与分型线的曲面相切。

- ○ 正交于曲面(C)。分型面与分型线的曲面正交。
- □ 反转对齐(A)。勾选此复选框以更改分型面所正交于的面(当两个相邻分型边线的面几乎平行时可为正交于曲面所使用)。
- ○ 垂直于拔模(P)。分型面与拔模方向垂直。此为最普通类型。

② "分型线"选项。

边线 列表框中列举了分型面所选择的边线或分型线的名称。可以在图形区域中选择一条边线或分型线以从边线 列表框中添加或移除；或选择一个名称以标注在图形区域中识别边线。

③ "分型面"选项。

- 距离。为分型面的宽度设定数值。单击 按钮以更改分型面从分型线延伸的方向。
- 角度 。设定一个值。这会将角度从垂直更改到拔模方向(对于与曲面相切或正交于曲面)。
- 平滑。可在相邻曲面之间应用更平滑的过渡。"尖锐" 为默认设定；选择"平滑" 要为相邻边线之间的距离设定一数值,高的数值在相邻边线之间生成更平滑过渡。

④ "选项"选项。

☑ 缝合所有曲面(K)。勾选此复选框以自动缝合曲面。对于大部分模型,曲面正确生成。然而,如要修复相邻曲面之间的间隙,勾销此复选框以阻止曲面缝合。可使用模具工具特征工具栏中诸如放样曲面 或直纹曲面 的曲面工具来进行修复,然后使用缝合曲面 工具在修复后手工缝合曲面。

☑ 优化(O)(只对于与曲面相切)。通过只使平面与铸模工具的顶面相切而生成分型面使之为切削加工优化。当勾销此复选框时,有些曲面可能生成；当勾选此复选框时,曲面生成被阻挡。

☑ 显示预览(S)。勾选该复选框在图形区域中预览曲面,勾销该复选框以优化系统性能。

4. 切削分割

定义分型面后,使用模具工具特征工具栏中的 切削分割工具,为模型生成型芯和型腔块。若想生成切削分割,在曲面实体 文件夹中至少需要三个曲面实体,即一个型芯曲面实体、一个型腔曲面实体以及一个分型面实体。生成切削分割的操作如下。

(1) 选择一绘制轮廓所用的面或基准面。此轮廓分割型芯和型腔线段。

(2) 单击模具工具栏中的 切削分割图标,或选择"模具"→"切削分割"命令,在所选的面上打开一张草图。

(3) 绘制一个延伸到模型边线以外但位于分型面边界内的矩形。

(4) 关闭草图绘制状态,系统弹出切削分割 PropertyManager。

① 在"型芯" 下,型芯曲面实体出现；在"型腔" 下,型腔曲面实体出现；在"分型面" 下,分型面实体出现(可为一个切削分割指定多个不连续型芯和型腔曲面)。

② 在 PropertyManager 中,在"块大小"下面为"方向 1"的深度设定一个数值,为"方向 2"的深度设定一数值。

③ 如果要生成一个可帮助阻止型芯和型腔块移动的曲面,可选择连锁曲面。沿分型面的周边生成一连锁曲面,为"拔模角度"设定一数值,连锁曲面通常有 5°拔模。

对于大部分模型,手工生成连锁曲面比依赖自动生成能提供更好的控制。

(5) 单击 ✓ 按钮,两个实体出现(型芯实体和型腔实体)。

注意:可使用实体特征工具栏中的 移动/复制实体工具,分离切削分割实体以方便观阅;或使用实体特征工具栏中的 删除实体/曲面工具,分别得到型芯实体或型腔实体。

二、任务内容

设计如图 7-3 所示的烟灰缸型腔模具成形零件。

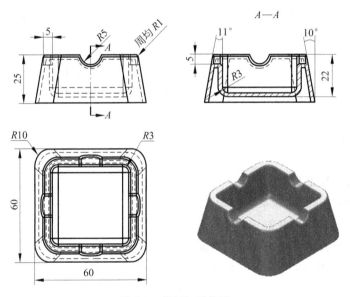

图 7-3 烟灰缸零件图

通过本任务的练习,可以掌握以下知识和操作技能。

① 创建一个工程零件和型腔模基体的临时装配体。
② 通过从基体上减去工程零件来创建型腔。
③ 在模具基体上建立分型线与分型面。
④ 从模具基体中派生零部件。

三、思路分析

如图 7-3 所示烟灰缸零件是通过注射成形的,其模具成形零件由一个型芯零件和一个型腔零件组成。设计意图如下:根据烟灰缸零件图的尺寸要求建立塑料零件的工程零件(实体零件),利用工程零件建立临时装配体,在临时装配体中创建模具基体及其型腔,在模具基体零件上建立分型线与分型面,并派生型芯零件和型腔零件,如图7-4所示。

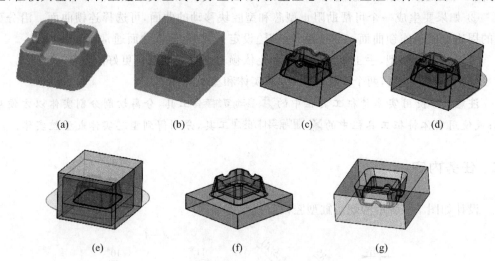

图 7-4 烟灰缸模具成形零件设计意图
(a) 建立工程零件;(b) 建立临时装配体并生成型腔;(c) 建立分型线;(d) 建立分型面;
(e) 建立切削分割体;(f) 生成型芯零件;(g) 生成型腔零件

四、操作步骤

1. 建立烟灰缸工程零件

进入 SolidWorks 2009 系统,单击 新建 图标,开启一个新的零件文档窗口;应用前面学习过的知识,建立烟灰缸工程零件。

2. 建立临时装配体并生成型腔特征

① 进入 SolidWorks 2009 系统,单击 新建 图标,开启一个装配体新文档窗口。

② 单击装配体工具栏中的 插入零部件 图标,或选择"插入"→"零部件"→"现有零件"命令,在装配体中装配烟灰缸工程零件。

③ 单击装配体工具栏中的 新零件 图标,或选择"插入"→"零部件"→"新零件"命令,在装配体中建立模具基体零件。

注意:临时装配体中,模具基体零件与烟灰缸工程零件的三个基准面要重合。

④ 右击装配体 FeatureManager 设计树中的基体零件,在弹出的右键快捷菜单中选择"编辑"命令,进入编辑模具基体零件状态。

⑤ 单击模具工具特征工具栏中的 型腔 图标,在 PropertyManager 中弹出的"型腔"对话框的 列表框中选入工程零件,"比例缩放点"选择"零部件原点",勾选 统一比例缩放(U) 复选框,输入缩放比例数值 1.05%(按 AB 塑料设置),如图7-5所示。单击 按钮,退出编辑状态,完成型腔的建立。

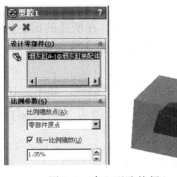
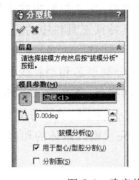

图 7-5 建立型腔特征(一)　　　　　　图 7-6 确定拔模方向

3. 建立模具分型线与分型面

① 右击装配体 FeatureManager 设计树中的基体零件,在弹出的右键快捷菜单中选择"编辑 "命令,进入编辑模具基体零件状态。

② 单击模具工具特征工具栏中的 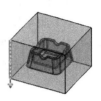 分型线 图标,在 PropertyManager 中弹出"分型线"对话框。如图 7-6 所示,在对话框中选入零件边线作为拔模方向(注意箭头的方向),拔模角度 设定为 0,勾选 用于型心/型腔分割(U) 复选框。

③ 单击"分型线"对话框中的 拔模分析(D) 按钮,在边线 列表框中显示为分型线所选择的边线的名称,绘图区显示对应的分型线,信息窗口提示"分型线已完整。模具可分割成型芯和型腔"。如图 7-7 所示,单击 按钮,完成分型线的建立。

④ 单击模具工具特征工具栏中的 分型面 图标,在 PropertyManager 中弹出"分型面"对话框。如图 7-8 所示,在对话框中选中 垂直于拔模(P) 单选按钮,在 列表框中选入分型线,在 文本框中设定分型面的宽度数值为 50mm,选择相邻曲面之间应用 过渡,勾选 缝合所有曲面(K)、显示预览(S) 复选框,单击 按钮,完成分型面的建立。

图 7-7 建立分型线(一)　　　　　　图 7-8 建立分型面(一)

4. 建立切削分割体，生成型腔模的成形零件

① 单击模具工具特征工具栏中的 切削分割 图标，再单击分型面，在所选的面上打开一张草图。在分型面上绘制一个延伸到模型边线以外但位于分型面边界内的矩形，如图 7-9 所示。此轮廓分割型芯和型腔线段。

② 关闭草图绘制状态，在 PropertyManager 中弹出"切削分割"对话框。如图 7-10 所示，在对话框中"块大小"下面为"方向 1"的深度 设定 20mm，为"方向 2"的深度 设定 40mm，单击 按钮，完成模具基体的切削分割。

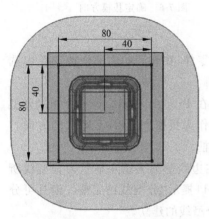
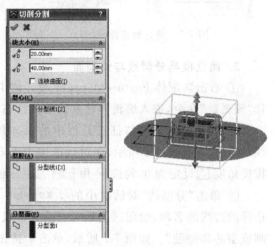

图 7-9　绘制分割型芯和型腔线段　　　　　图 7-10　基体的切削分割

③ 单击实体特征工具栏中的 删除实体/曲面 图标，在 PropertyManager 中弹出"删除实体"对话框。如图 7-11 所示，在对话框的 列表框中选入要删除的模具基体零件与分型面，单击 按钮，完成实体零件的删除。

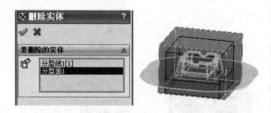

图 7-11　删除实体零件

④ 单击实体特征工具栏中的 移动/复制实体 图标，在 PropertyManager 中弹出"移动/复制实体"对话框。如图 7-12 所示，在对话框的 列表框中选入要移动的模具型腔零件，并用鼠标拖动到适当位置，单击 按钮，完成实体零件的移动并另存。

⑤ 单击实体特征工具栏中的 删除实体/曲面 图标，在 PropertyManager 中弹出"删除实体"对话框，在对话框的 列表框中分别选入要删除的模具型芯或型腔零件，单击 按钮并分别另存，完成烟灰缸型腔模成形零件的建立。

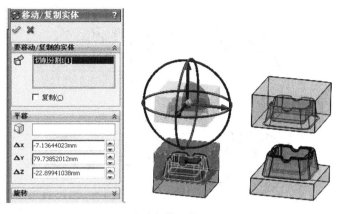

图 7-12　移动实体零件时和移动后

五、知识扩展

1. 模具文件夹

（1）型腔曲面实体。当使用分型线 PropertyManager 生成分型线时，软件将自动生成此文件夹。如果不要求有关闭曲面，软件将以一个型腔曲面实体增添文件夹。如果要求有关闭曲面，文件夹将保留为空白。

（2）核心曲面实体。当使用分型线 PropertyManager 生成分型线时，软件将自动生成此文件夹。如果不要求有关闭曲面，软件将以一个核心曲面实体增添文件夹。如果要求有关闭曲面，文件夹将保留为空白。

（3）分型面实体。当在分型面 PropertyManager 中生成分型面时，软件将自动生成此文件夹并以分型面实体增添。如果在 PropertyManager 中选择"缝合"选项，一个曲面将添加到文件夹。如果不选择"缝合"选项，许多单独曲面将添加到文件夹。

如果零件包含通孔，则需要生成关闭曲面。当用在 PropertyManager 中生成关闭曲面时，软件将以适当的曲面增添型腔曲面实体和核心曲面实体。如果要在 PropertyManager 中选择"缝合"，一个曲面（与所有关闭曲面缝合在一起的主要核心或型腔曲面）将添加到每个文件夹。如果不选择"缝合"，文件夹将以核心（或型腔）曲面以及每个通孔的单独关闭曲面增添。

如果要使用非铸模工具生成的曲面来定义模具，可手工生成模具文件夹，然后添加曲面到此文件夹。手工生成模具文件夹的操作如下。

① 单击插入模具文件夹图标（模具工具特征工具栏），或选择"插入"→"模具"→"插入模具文件夹"命令。模具文件夹在曲面实体中作为子文件夹出现。

② 在曲面实体中将所生成的曲面拖动到适当的子文件夹中。

2. 建立按钮零件型腔模成形零件

按钮零件图如图 7-13 所示。

如图 7-13 所示按钮零件是通过注射成形的，其模具成形零件由一个型芯零件和一个

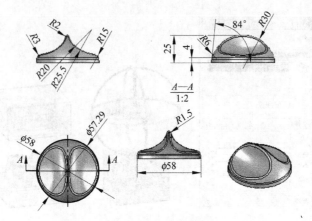

图 7-13 按钮零件图

型腔零件组成。设计意图如下：根据按钮零件图的尺寸要求建立塑料零件的工程零件（实体零件），利用工程零件建立临时装配体，在临时装配体中创建模具基体及其型腔，在模具基体零件上建立分型线与分型面，并派生型芯零件和型腔零件，如图 7-14 所示。

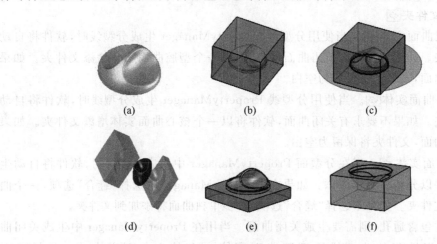

图 7-14 按钮零件型腔模成形零件设计意图
(a) 建立工程零件；(b) 建立临时装配体并生成型腔；(c) 建立分型线与分型面；
(d) 建立切削分割体；(e) 生成型芯零件；(f) 生成型腔零件

任务二　遥控器面板型腔模成形零件设计

一、知识与技能准备

1. 关闭曲面

若想将切削块切除为两块，需要两个无任何通孔的完整曲面（型芯曲面和型腔曲面）。关闭曲面可关闭通孔。在生成分型线后生成关闭曲面。当生成关闭曲面时，软件以适当曲面增添型腔曲面实体🗁和型芯曲面实体🗁。生成关闭曲面的操作如下。

（1）单击关闭曲面🗁图标（模具工具特征工具栏），或选择"插入"→"模具"→"关闭曲面"命令。

（2）在PropertyManager中设定以下选项，然后单击✔按钮。

① 边线。

边线🗁列表框中列举了为关闭曲面所选择的边线或分型线的名称。在边线🗁列表框中，可以进行以下操作。

- 在图形区域中选择一边线或分型线以从边线🗁列表框中添加或移除。
- 选择一个名称以标注在图形区域中识别边线。
- 右击并选择"清除"命令以清除边线🗁列表框中的所有选择。
- 在图形区域中右击所选环，然后选择"消除"命令，将之从边线🗁列表框中移除。
- 手工选择边线。在图形区域中选择一边线，然后使用"选择工具"来完成环。
- 在分型线PropertyManager中为通孔定义分型线，然后在此将之选择为孔定义关闭曲面的边线。

② 勾选 ☑ 缝合(K) 复选框，将每个关闭曲面连接成型腔和型芯曲面，这样型腔曲面实体🗁和型芯曲面实体🗁分别包含一曲面实体；当勾销此复选框时，曲面修补不缝合到型芯及型腔曲面，这样型腔曲面实体🗁和型芯曲面实体🗁包含许多曲面。如果有众多低质量曲面（如带有 *.IGES 文件输入问题），可能需要勾销此复选框，并在使用关闭曲面工具后手工分析并修复问题。

③ 勾选 ☑ 过滤环(F) 复选框，过滤似乎不是有效孔的环。如果模型中的有效孔被过滤，则勾销此复选框。

④ 勾选 ☑ 显示预览(W) 复选框，在图形区域中显示修补曲面的预览。

⑤ 勾选 ☑ 显示标注(C) 复选框，为每个环在图形区域中显示标注。

⑥ 重设所有修补类型。在模型中只允许一个关闭曲面特征，因此，在这个特征内，必须为每一个通孔在"无填充"🗁、"接触"🗁或"全部相切"🗁中指定一个填充类型。

2. 关闭曲面填充类型

关闭曲面可沿分型线或形成连续环的边线生成曲面修补，以关闭通孔，可在模型中生成分型线之前或之后来生成关闭曲面。

选择不同的填充类型（"相触"、"相切"或"无填充"）来控制修补的曲率（单击一个标注，将环的填充类型从"相触"更改到"相切"或"无填充"）。

（1）相触。在所选边界内生成曲面，为所有自动选择的环的曲面填充默认类型。

（2）相切。在所选边界内生成曲面，但保持修补到相临面的相切。单击箭头可更改使用哪些面相切。

① 相切于孔壁，如图7-15所示。

② 相切于孔贯穿的曲面，如图7-16所示。

图 7-15　相切于孔壁　　　　　图 7-16　相切于孔贯穿的曲面

除了简单的环以外,可将"相切"用于更复杂的通孔,在通孔中软件会收集成对的边线,并同时建立和缝合一系列平面,如图 7-17 所示。

复杂的通孔　　　相切于孔壁的　　　相切于孔贯穿的曲面
　　　　　　　　关闭曲面修补　　　的关闭曲面修补

图 7-17　相切于更复杂的通孔

(3) 无填充。不生成曲面(通孔不修补)。

若想将切削块切除为两块,则需要两个无任何通孔的完整曲面(一个型芯曲面和一个型腔曲面)。关闭曲面工具最好自动识别并填充所有通孔。有时,软件不能为某一通孔生成关闭曲面,在此情况下,需要通过选择一边线环并选择"无填充"选项来识别通孔。在关闭 PropertyManager 后,可利用曲面工具栏中的工具手工生成曲面修补。

3. 手动生成关闭曲面

① 在关闭曲面 PropertyManager 中,将孔的填充类型设为"无填充"。

② 使用曲面工具栏中的工具,为孔生成两个相同的曲面修补,分别用于型腔曲面和型芯曲面。可以使用曲面工具栏中的等距距离 工具,并将等距距离设为 0,以生成创建的曲面修补的副本。曲面修补出现在 FeatureManager 设计树的曲面实体文件夹 中。

③ 分别将两个曲面修补拖至型腔曲面实体文件夹 和型芯曲面实体文件夹 。

4. 型芯

可以从工具实体中抽取几何体来生成型芯特征。除此之外,还可以生成顶杆。生成型芯的操作如下。

(1) 在模具实体(主型芯或主型腔)上生成型芯草图。

(2) 单击模具工具特征工具栏中的 型芯 图标,或选择"插入"→"模具"→"型芯"命令。

(3) 在 PropertyManager 中设定下述选项,然后单击 按钮。

① 选择。

- 型芯的边界草图。在 列表框中显示所选型芯草图的名称。
- 抽取方向。在图形区域中选择一实体来定义抽取方向,默认方向垂直于草图基准面。如有必要,单击反向 按钮以相反的方向抽取型芯。
- 型芯/型腔实体。在 列表框中显示从中抽取型芯的模具实体的名称。

② 参数。
- 拔模开/关 。添加拔模到型芯,设定拔模角度。勾选"向外拔模"复选框,生成向外拔模角度;如果勾销此复选框,则生成向内拔模角度。
- 终止条件。对于抽取方向的终止条件,如果选择了"给定深度",则设定沿抽取方向的深度 ;对于远离抽取方向的终止条件,如果选择了"给定深度",则设定远离抽取方向的深度 。
- 顶端加盖。如果型芯在模具实体中终止,则勾选此复选框定义型芯的终止面。

注意:为型芯生成新的实体,即从模具实体减除实体。在 FeatureManager 设计树的实体文件夹 中,第一次生成型芯时即会出现名为"型芯实体"的新文件夹。生成的其他型芯实体会存储在此文件夹中。

5. 分割

使用 分割 特征工具可从现有零件生成多个零件,并可以生成单独的零件文件,即将单个零件文档分割成多实体零件文档。

分割零件的操作如下。

① 单击模具工具特征工具栏中的 分割 图标,或选择"插入"→"特征"→"分割"命令。

② 剪裁工具。在 PropertyManager 的剪裁工具 中选入以下剪裁工具。
- 参考基准面(基准面在各个方向无限延伸)。
- 平面模型面(面在各个方向无限延伸)。
- 草图(草图以双向全部拉伸)。
- 参考曲面及空间模型面(这些曲面和面不延伸其边界,参考曲面或空间模型面上的内部孔在分割零件时会被闭合)。

③ 切除零件。单击 切除零件(C) 按钮,将零件剪裁为多体的实体,分割线就会出现在零件上,显示分割生成的不同实体。

④ 所产生实体。在"所产生实体" 下选择要保存的实体,或单击 自动指派名称(I) 按钮,所有已保存的实体将会出现在图形区域中,并列在 FeatureManager 设计树的 实体下,软件将自动命名所有实体。

⑤ 保存零件。双击文件下面的实体名称,在对话框中为新零件输入一个名称,然后单击"保存"按钮。新零件名称将出现在所产生实体列表中和标注框中。未保存的实体不会被分割,仍然包含原来的零件。如果在保存分割的零件后再为之勾销 复选框,此零件将不再保存为单独的实体,它将与原零件保留在一起。若勾选 消耗切除实体(U) 复选框,实体从零件中移除,移除的实体不列举在 FeatureManager 设计树的 实体下。

⑥ 原点位置。将分割实体的原点放在所选取的顶点处。

⑦ 单击 按钮。

注意:新的零件是派生的,它们包含对父零件的参考。每个新零件包含一个名为"Stock-<父零件名>-n->"的特征。一般,可以向指定的库零件、分割特征或实体重新附加派生零件。如果要更改原始零件的几何体,新零件将更改。如果要更改分割特征几何体,将不会创建新的派生零件。软件将更新现有派生的零件,从而保留"父子"关系。

二、任务内容

设计如图 7-18 所示的遥控器型腔模具成形零件。

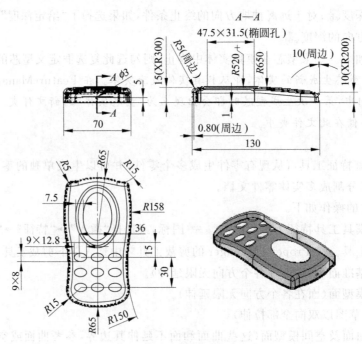

图 7-18 遥控器零件图

通过本任务的练习,可以掌握以下知识和操作技能。
① 创建一个工程零件和型腔模基体的临时装配体。
② 通过从基体上减去工程零件来创建型腔。
③ 在模具基体上建立分型线与分型面。
④ 建立关闭曲面以修补通孔。
⑤ 从模具基体中派生零部件。
⑥ 侧抽心零件的建立方法。
⑦ 成形零件的移动、删除与保存。

三、思路分析

如图 7-18 所示遥控器零件是通过注射成形的,其模具成形零件由两个型芯零件和一个型腔零件组成。设计意图如下:根据遥控器零件图的尺寸要求建立塑料零件的工程零件(实体零件),利用工程零件建立临时装配体,在临时装配体中创建模具基体及其型腔,在模具基体零件上建立分型线、关闭曲面与分型面,切削分割模具基体,派生型芯零件和型腔零件,如图 7-19 所示。

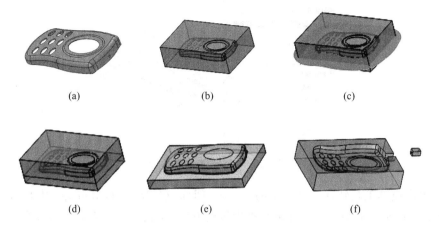

图 7-19　遥控器型腔模成形零件设计意图
(a)建立工程零件;(b)建立临时装配体与型腔特征;(c)建立分型线、关闭曲面与分型面;
(d)建立切削分割实体;(e)生成型芯实体;(f)生成型腔实体与型芯

四、操作步骤

(1) 建立如图 7-19(a)所示的遥控器工程零件。

进入 SolidWorks 2009 系统,单击 [新建] 图标,开启一个新的零件文档窗口;应用前面学习过的知识,建立遥控器工程零件。

(2) 建立如图 7-19(b)所示的临时装配体及型腔特征。

① 进入 SolidWorks 2009 系统,单击 [新建] 图标,开启一个装配体新文档窗口。

② 单击装配体工具栏中的 [插入零部件] 图标,或选择"插入"→"零部件"→"现有零件"命令,在装配体中装配遥控器工程零件。

③ 单击装配体工具栏中的 [新零件] 图标,或选择"插入"→"零部件"→"新零件"命令,在装配体中建立模具基体零件。

注意: 临时装配体中,模具基体零件与遥控器工程零件的三个基准面要重合。

④ 右击装配体 FeatureManager 设计树中的基体零件,在弹出的右键快捷菜单中选择"编辑 "命令,进入编辑模具基体零件状态。

⑤ 单击模具工具特征工具栏中的 [型腔] 图标,在 PropertyManager 中弹出"型腔"对话框,在对话框的 列表框中选入工程零件,"比例缩放点"选择"零部件原点",勾选 [统一比例缩放(U)] 复选框,输入缩放比例数值 1.05%(按 AB 塑料设置),如图 7-20 所示。单击 按钮,并退出编辑状态,完成型腔的建立。

(3) 建立如图 7-19(c)所示的模具分型线、关闭曲面与分型面。

① 右击装配体 FeatureManager 设计树中的基体零件,在弹出的右键快捷菜单中选择"编辑 "命令,进入编辑模具基体零件状态。

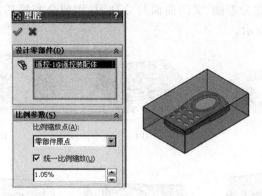

图 7-20　建立型腔特征(二)

② 单击模具工具特征工具栏中的 ⊖ 分型线 图标,在 PropertyManager 中弹出"分型线 1"对话框。在对话框中选入零件边线作为拔模方向(注意箭头的方向),拔模角度 设定为 1°,勾选 ☑ 用于型心/型腔分割(U) 复选框。

③ 单击"分型线 1"对话框中的 拔模分析(D) 按钮,在边线 列表框中显示为分型线所选择的边线的名称,图形区域显示对应的分型线,如图 7-21 所示。信息窗口提示:"分型线已完整,但模具不能分割成型芯和型腔,您可能需要生成关闭曲面。",单击 ✔ 按钮,完成分型线的建立。

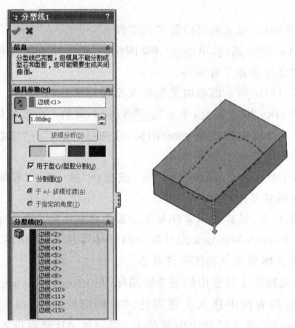

图 7-21　建立分型线(二)

④ 单击模具工具特征工具栏中的 关闭曲面 图标,在 PropertyManager 中弹出"关闭曲面 1"对话框。如图 7-22 所示,在边线 列表框中选入图形区域中要关闭的通孔边线,勾选 ☑ 缝合(K) 复选框,"重设所有修补类型"选择接触 ,单击 ✔ 按钮,完成关闭曲面的建立。

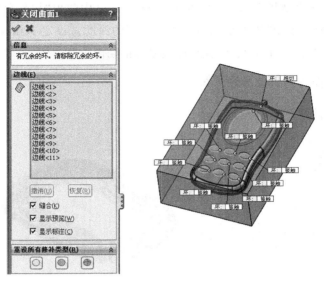

图 7-22 建立关闭曲面

⑤ 单击模具工具特征工具栏中的 分型面 图标，在 PropertyManager 中弹出"分型面"对话框。如图 7-23 所示，在对话框中选中 垂直于拔模(P) 单选按钮，在 列表框中选入分型线，在 文本框中设定分型面的宽度数值为 45mm，选择相邻曲面之间应用 过渡，勾选 缝合所有曲面(K)、 显示预览(S) 复选框，单击 按钮，完成分型面的建立。

图 7-23 建立分型面（二）

(4) 建立如图 7-19(d)所示的切削分割体，生成型腔模的成形零件。

① 单击模具工具特征工具栏中的 切削分割 图标，再单击分型面，在所选的面上打开一张草图。在分型面上绘制一条延伸到模型边线以外但位于分型面边界内的 160×100

的矩形。关闭草图绘制状态，系统在 PropertyManager 中弹出"切削分割 7"对话框。如图 7-24 所示，在对话框中"块大小"下面为"方向 1"的深度 设定 15mm，为"方向 2"的深度 设定 35mm，然后单击 按钮，完成模具基体的切削分割实体。

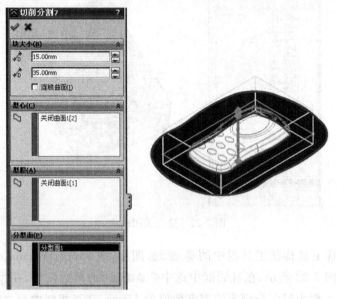

图 7-24　建立模具基体的切削分割实体

② 单击实体特征工具栏中的 删除实体/曲面 图标，系统在 PropertyManager 中弹出"删除实体"对话框。在对话框的 列表框中选入要删除的模具基体零件与分型面，单击 按钮，完成删除实体后的切削分割实体，如图 7-25 所示。

③ 单击模具工具特征工具栏中的 型心 图标，移动鼠标在型腔零件上单击要建立小型芯的一个端平面，系统进入草图绘制状态。绘制小型芯草图，如图 7-26 所示。

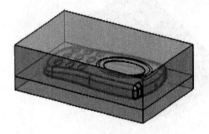

图 7-25　完成删除实体后的切削分割实体

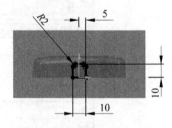

图 7-26　绘制小型芯草图

④ 关闭草图绘制状态，系统在 PropertyManager 中弹出"型芯 1"对话框。如图 7-27 所示，在对话框的"参数"设置中输入小型芯要抽取的距离值 30mm，用 调整抽取方向，勾选 顶端加盖(C)复选框，单击 按钮，完成小型芯的建立。

⑤ 单击实体特征工具栏中的 移动/复制实体 图标，系统在 PropertyManager 中弹出"移动实体"对话框。在对话框的 列表框中选入要移动或旋转的模具型腔零件，并用鼠

项目七 模具零件设计

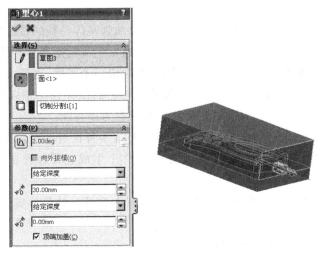

图 7-27 建立小型芯零件

标拖动到适当位置或输入适当角度值,单击 ✓ 按钮,完成实体零件的移动并另存,如图 7-28 所示。

⑥ 单击实体特征工具栏中的 ✗ 删除实体/曲面图标,系统在 PropertyManager 中弹出"删除实体"对话框。在对话框的 ☐ 列表框中分别选入要删除的模具型芯或型腔零件,单击 ✓ 按钮并分别另存,完成遥控器面板型腔模成形零件的建立。

图 7-28 完成实体零件的移动

图 7-29 SolidWorks 2009 中的 GB 设计库

五、知识扩展

在设计模具结构时,除了前面介绍的成形零件设计外,还包括模具标准件的设计,如标准模架、联接零件、导向零件等的设计。

对于一些常用的标准零件的设计,可以调用 SolidWorks 2009 中的 GB 设计库(见图 7-29)。对一些设计库中没有的零件,可以通过建立新的库特征、编辑库特征,并保存在 GB 设计库中备用。

1. 库特征

零部件的库特征是常用的特征或特征组,由添加到基体特征的特征组成,但不包括基体特征本身。库特征可以包含一个或多个特征。通常生成包括基体特征的库特征并将其插入空零件,也可以使用几个库特征作为块,用来生成一个零件,这样可以节省时间,而且有助于保证模型中的统一性。生成这些特征后可将它们保存在库中以便以后使用,如生成具有公用尺寸的孔或槽等常用的特征,将它们保存为库特征。

大多数类型的特征支持作为库特征使用,但对某些特征有一定的限制。如要生成一个库特征,首先必须生成一个基体特征,然后在基体上生成想要包含在库特征中的特征。库特征的扩展名为".sldlfp"。

注意:基体特征要么为第一实体特征或为没附加到另一特征的实体特征。通常只能将库特征添加到零件,或在关联装配体中编辑零件时添加,而无法将库特征添加到装配体本身,也不能从多实体零件文件生成库特征零件。

2. 生成库特征

如要生成一个库特征,首先必须生成一个基体特征,然后在基体上生成想要包含在库特征中的特征。

如果要由现有的零件生成库特征,先打开此零件,选择想要添加到库特征的特征,然后将它们另存为库特征零件(*.sldlfp)。在将库特征放置到目标零件上时,如果想使用尺寸来定位库特征,则必须在基体上标注特征的尺寸。

通常可以生成不包含某些源零件特征的库特征零件,也可以生成包含所有源零件特征的库特征零件(基体特征除外)。而移除某些特征可能造成库特征零件中重建模型错误。

3. 编辑库特征

通常可以使用与编辑任何 SolidWorks 特征相同的方法来编辑曾经插入零件中的库特征,例如,通过"编辑草图"、"编辑定义"或修改定位尺寸将库特征移动到目标零件上的另一位置。当库特征添加到零件后,目标零件与库特征零件已没有结合性,所进行的更改将不会影响包含该库特征的零件。

也可以编辑一个现有的库特征。在库特征零件文件中,如果要添加另一个特征,可以右击要添加的特征,然后在弹出的右键快捷菜单中选择"添加到库"命令;如果要移除一个特征,可以右击该特征,然后在弹出的右键快捷菜单中选择"从库中删除"命令。编辑后的库特征用新文件名保存,从而生成另外一个类似的库特征。

除此以外,不论在库特征文件或目标零件中,还可以改变库特征的颜色,具体步骤如下。

① 选择主菜单中的"工具"→"选项"命令,系统弹出"系统选项"对话框,在对话框的"文档属性"选项卡中选择"颜色"。

② 在"模型/特征颜色"列表框内,选择"库特征"。

③ 单击"编辑"按钮,并从调色板中选择所需颜色(或生成自定义颜色),然后单击"确定"按钮。

④ 此时，在库特征文件中，库特征中的所有特征使用新的颜色。在目标零件中，所有插入的库特征都使用新的颜色。

4．解散库特征

在库特征插入零件中后，还可以将库特征解散（分解）为该库特征中包含的单个特征。其具体方法为：在特征管理器列表中，右击库特征图标，然后从弹出的右键快捷菜单中选择"解散库特征"命令。此时，库特征图标被移除，库特征中包含的所有特征都单独列出。

5．支架零件型腔模成形零件设计

完成图 7-30 所示支架零件型腔成形零件设计。

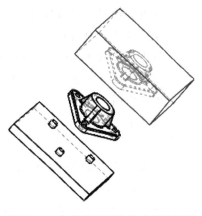

图 7-30 支架零件型腔模成形零件图

任务三 勺子型腔模成形零件设计

一、知识与技能准备

1．延展曲面

用延展曲面功能，从工程零件的分型线创建一个延展曲面，此曲面分割上下半模。延展曲面功能用于从零件的分型线向外延伸出一个曲面。延展曲面平行于一个参考平面或二维表面。一般，模具的开模方向垂直于这个参考平面。

2．缝合曲面

用缝合曲面功能可以把两个或多个面合并为一个。缝合曲面是一个复合表面，包含零件上半部的所有表面和延展曲面。这些面的边必须是毗邻的且没有重叠。缝合曲面的操作方法如下。

单击 缝合曲面 图标，或选择"插入"→"曲面"→"缝合曲面"命令，系统在 FeatureManager 设计树中弹出"缝合曲面"对话框，在要缝合的曲面 列表框中选入延展曲面；单击基面选取列表按钮 ，并选取零件上半部的一个表面作为基面；基面与延展曲面一起选取，会使系统选取辐射表面之上的所有其他的模型表面，单击"确定"按钮。

注意：在缝合曲面时，延展曲面起到特殊的作用。当延展曲面与基面一起选取时，系统会把与之相连的所有表面和基面都选取并缝合到一起，这样就不必一个一个地选取分型线一侧的每个表面了。

3．连锁曲面

连锁曲面以几乎与垂直方向成 5°锥形围绕着分型面的周边。如同所有的拔模面一样，连锁曲面拔离于分型线（"拔离"以与垂直方向成 5°锥形围绕着分型面的周边）。连锁曲面的作用如下。

• 正确密封模具以防液体泄漏。

- 在铸模过程中将切削引入正确位置。
- 保持对齐切削实体。
- 防止产生偏移、不平整的曲面或者不正确的壁厚。
- 减少穿越分割加工模具板的成本,因为环绕连锁曲面的区域为平面。

4. 直纹曲面

直纹曲面工具用于生成从选定边线以指定方向延伸的曲面。直纹曲面工具具有以下功能。

- 将相切延伸线添加到复杂的曲面。
- 生成拔模边壁。
- 在输入的模型上以拔模曲面替换非拔模曲面(使用锥形或扫描类型)。
- 生成分型曲面和连锁曲面。

生成直纹曲面的操作如下。

(1) 单击模具工具特征工具栏中的 直纹曲面 图标,或选择"插入"→"模具"→"直纹曲面"命令。

(2) 在 PropertyManager 中的"类型"下选择以下选项。

① 类型。

- 相切于曲面( )。直纹曲面与共享一边线的曲面相切。
- 正交于曲面( )。直纹曲面与共享一边线的曲面正交。
- 锥削到向量( )。直纹曲面锥削到所指定的向量。
- 垂直于向量( )。直纹曲面与所指定的向量垂直。
- 扫描。直纹曲面通过使用所选边线为引导曲线来生成一扫描曲面而创建。

② 在"距离/方向"下。

- 当选择"锥削到向量"、"垂直于向量"或"扫描"时为距离 设定一数值。
- 选择一边线、面或基准面作为参考向量。
- 如果必要请单击反向 按钮。
- 当只选择"锥削到向量"时,设定一角度 。
- 当只选择"扫描"时,可选取坐标输入,然后为参考向量指定坐标。

③ 在"边线选择"下。

- 选择作为直纹曲面基体的边线或分型线。
- 如果必要请单击"交替面"按钮。

④ 在"选项"下。

- 勾选"剪裁和缝合"复选框以手工剪裁和缝合曲面。
- 勾选"连接曲面"复选框以移除任何连接曲面。连接曲面通常在尖角之间生成。

(3) 单击 按钮。

二、任务内容

完成如图 7-31 所示的勺子型腔模成形零件设计。

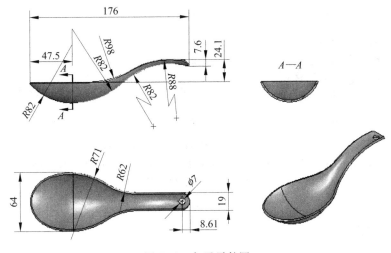

图 7-31 勺子零件图

通过本任务的练习,可以掌握以下知识和操作技能。
① 创建一个工程零件和型腔模基体的临时装配体。
② 通过从基体上减去工程零件来创建型腔。
③ 在模具基体上建立分型线与分型面。
④ 建立填充曲面以修补通孔。
⑤ 缝合曲面并用其切除模具基体。
⑥ 从模具基体中派生零部件。
⑦ 成形零件的移动、删除与保存。

三、思路分析

如图 7-31 所示勺子零件是通过注射成形的,其模具成形零件由一个型芯零件和一个型腔零件组成。设计意图如下:根据勺子零件图的尺寸要求,建立塑料零件的工程零件(实体零件),利用工程零件建立临时装配体,在临时装配体中创建模具基体及其型腔,在模具基体零件上建立分型线与分型面、补圆孔处曲面,建立分型面与勺子型腔曲面的缝合曲面,使用曲面切除模具基体,派生型芯零件和型腔零件,如图 7-32 所示。

SolidWorks 项目式应用教程

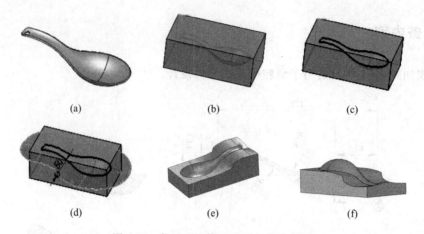

图 7-32　勺子型腔模成形零件设计意图
(a) 建立工程零件；(b) 建立临时装配体与型腔特征；(c) 建立分型线与填充曲面；
(d) 建立分型面并缝合；(e) 生成型腔实体；(f) 生成型芯实体

四、操作步骤

（1）建立如图 7-32(a) 所示的勺子工程零件。

进入 SolidWorks 2009 系统，单击 新建 图标，开启一个新的零件文档窗口；应用前面学习过的曲面建模知识，建立勺子工程零件。

（2）建立如图 7-32(b) 所示的临时装配体及型腔特征。

① 进入 SolidWorks 2009 系统，单击 新建 图标，开启一个装配体新文档窗口。

② 单击装配体工具栏中的 插入零部件 图标，或选择"插入"→"零部件"→"现有零件"命令，在装配体中装配勺子工程零件。

③ 单击装配体工具栏中的 新零件 图标，或选择"插入"→"零部件"→"新零件"命令，在装配体中建立模具基体零件。

注意：临时装配体中，模具基体零件与勺子工程零件的三个基准面要重合。

④ 右击装配体 FeatureManager 设计树中的基体零件，在弹出的右键快捷菜单中选择"编辑 "命令，进入编辑模具基体零件状态。

⑤ 单击模具工具特征工具栏中的 型腔 图标，在 PropertyManager 中弹出"型腔 1"对话框，在对话框的 列表框中选入工程零件，"比例缩放点"选择"零部件原点"，勾选 统一比例缩放(U) 复选框，输入缩放比例数值 1.05%（按 AB 塑料设置），如图 7-33 所示。单击 按钮，并退出编辑状态，完成型腔的建立。

（3）建立如图 7-34 所示的模具分型线、关闭曲面与分型面，并缝合所有曲面。

① 右击装配体 FeatureManager 设计树中的基体零件，在弹出的右键快捷菜单中选择"编辑 "命令，进入编辑模具基体零件状态。

② 单击模具工具特征工具栏中的 分型线 图标，在 PropertyManager 中弹出"分型

项目七 模具零件设计

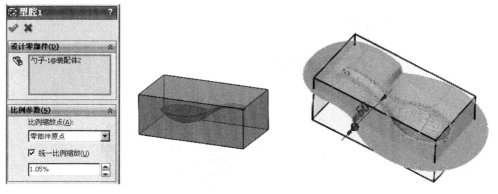

图7-33 建立型腔特征(三)　　　　图7-34 建立缝合曲面(一)

线1"对话框。在对话框中选入零件边线作为拔模方向(注意箭头的方向),拔模角度设定为1°,勾选 ☑ **用于型心/型腔分割(U)** 复选框。

③ 单击"分型线1"对话框中的 **拔模分析(D)** 按钮,在边线列表框中显示为分型线所选择的边线的名称,图形区域中显示对应的分型线,如图7-35所示。信息窗口提示:"分型线已完整,但模具不能分割成型芯和型腔,您可能需要生成关闭曲面。",单击 ✔ 按钮,完成分型线的建立。

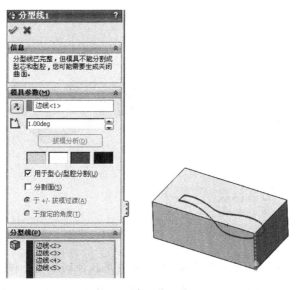

图7-35 建立分型线(三)

④ 单击曲面特征工具栏中的 **填充曲面** 图标,在PropertyManager中弹出"曲面填充1"对话框。在对话框的列表框中选入修补边界,曲率控制选择"相触",如图7-36所示,单击 ✔ 按钮,完成填充曲面的建立。

⑤ 单击模具工具特征工具栏中的 **分型线** 图标,在PropertyManager中弹出"分型面1"对话框。在对话框的列表框中选入分型线,选中 ● **垂直于拔模(P)** 单选按钮,输入距离

SolidWorks 项目式应用教程

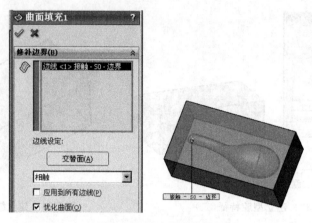

图 7-36 建立填充曲面

50mm,选取 [图标],勾选 ☑ 缝合所有曲面(K) 复选框,如图 7-37 所示。单击 ✓ 按钮,完成分型面的建立。

图 7-37 建立分型面(三)

注意:分型面一定要伸出模具基体,否则要应用拉伸切除减小模具基体尺寸来满足。

⑥ 单击曲面特征工具栏中的 [图标] 缝合曲面 图标,在 PropertyManager 中弹出"曲面-缝合 1"对话框。在对话框的 [图标] 列表框中选入要缝合的型腔曲面、填充曲面、分型面,并勾选 ☑ 尝试形成实体(T) 复选框,如图 7-38 所示。单击 ✓ 按钮,完成填充曲面的建立。

⑦ 单击曲面特征工具栏中的 [图标] 使用曲面切除 图标,在 PropertyManager 中弹出"使用曲面切除 2"对话框,如图 7-39 所示。在对话框中选入缝合曲面,并调整切除方向,单击 ✓ 按钮,分别完成型腔零件和型芯零件的建立。

⑧ 单击曲面特征工具栏中的 [图标] 删除实体/曲面 图标,在 PropertyManager 中弹出"删

除实体/曲面"对话框。在对话框中选入缝合曲面,单击 ✓ 按钮并另存,完成勺子型腔模成形零件的建立。

  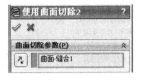

图 7-38　建立缝合曲面(二)　　　　图 7-39　建立型腔零件和型芯零件

五、知识扩展

1. 更改所选特征或整个零件的颜色

可以为整个零件、所选特征(包括曲面或曲线)或所选模型面添加颜色,也可以通过对模型的外观上色来修改颜色。设定模型、特征和视图模式颜色的操作如下。

① 单击选项图标 ▤,或选择"工具"→"选项"命令。

② 在"文档属性"选项卡中,选择"颜色"选项。

③ 在"模型/特征颜色"中选择一种特征类型或视图模式。在装配体文档中,"上色"(对于上色模式)及"隐藏"(对于隐藏线可见模式)可供使用。如果菜单选项"视图、显示、使用 HLR/HLG 的零部件颜色"被取消选择,那么"线架图/消除隐藏线"也可供使用。

④ 单击"编辑"按钮可以编辑一种颜色,然后单击"确定"按钮。

⑤ 设置以下选项。

- 全部重设为 SolidWorks 默认值。将所有文档颜色重设为系统默认值。
- 应用相同颜色到所有的显示方式。如果"视图、显示、使用 HLR/HLG 的零部件颜色"被取消选择,则在零件文档和装配体文档中可供使用。
- 忽略特征颜色(只可在零件文档中使用)。零件颜色优先于特征颜色。
- 查看系统颜色。查看系统颜色选项。

⑥ 单击 ✓ 按钮。

在零件或装配体的 PropertyManager 列表中,右击零件或装配体名称,在弹出的右键快捷菜单中选择"外观"子菜单,如图 7-40 所示。利用此子菜单也可以更改颜色。

另外,通过选择"外观"子菜单中的"编辑材料"命令,可编辑或定义材料感应光线方式的属性,并对整个零件或任何所选特征更改其材料属性。

2. 外观标注

外观标注会在所选项下显示零部件(仅对于装配体)、面、特征、实体和零件等的外观,是编辑外观的快捷方式。外观标注菜单如图 7-41 所示。可通过标注来确定以下外观的层次关系。

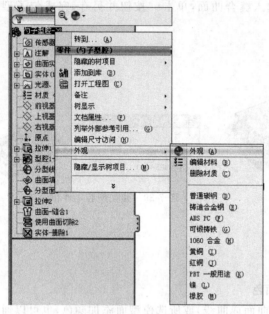

图 7-40 "外观"子菜单　　　　　　图 7-41 外观标注菜单

- 零部件外观（仅对于装配体）覆盖面外观。
- 面外观覆盖特征外观。
- 特征外观覆盖实体外观。
- 实体外观覆盖零件外观。

例如，为面指定的外观优先于为特征、实体或零件指定的外观。如果没有为面指定外观，则使用特征外观；如果没有为特征指定外观，则使用实体外观。

（1）显示外观标注的操作如下。

① 右击 FeatureManager 设计树中的模型或实体，然后选择"外观"→"外观"命令。

② 当单击标注以外的位置时，外观标注将消失。

（2）编辑外观的操作如下。

① 单击标注中的方形☐（如）。

② 使用外观 PropertyManager 编辑外观。

3．"什么错?"

当第一次发生某错误时"重建模型错误"对话框会出现，也可以在任何时候通过右击特征管理器列表中的零件并选择"什么错?"来显示此对话框，用以检查零件或装配体的任何重建模型错误。零件或装配体的名字旁会显示向下箭头，在错误的特征名称旁也会显示向下箭头，导致错误的项目旁会显示感叹号。

在草图、特征、零件或装配体名称上右击并选择"什么错?"命令，以显示错误信息。

以下是一些常见的重建模型错误信息。

① 悬空的尺寸或几何关系——相对应于某实体的尺寸或几何关系不存在。

② 无法重建特征（例如，圆角太大）。

如果一个错误信息前具有"＊＊",问题区将会在模型上高亮显示出来。一般可以勾销"在每次重建模型时显示错误信息"复选框将自动显示错误信息功能关闭。

注意：勾销"在每次重建模型时显示错误信息"复选框只影响当前操作。如果不论何时出现错误都希望显示出完整的信息,则要勾选"显示完整信息"复选框;否则,只会显示一个简略信息(系统默认为"显示完整信息")。

4．数据接口

SolidWorks建立了零件了实体特征或曲面特征后,可输出为其他格式的文件,以实现与Pro/Engineer、MasterCAM、UG等软件零件特征的相互转换。

当输出为IGES格式时,IGES格式的零件实体和曲面保持其零件实体或曲面颜色,并以它在上色模式中的颜色显示。可以在同一IGES文件中输出曲面以及实体。IGES文件中的曲面标记为空白曲面,以便与用于生成实体的剪裁曲面相区别。如果将有隐藏或压缩零部件的SolidWorks装配体文件输出为IGES格式,会出现一个对话框,问是否想将这些零部件还原,单击"是"按钮,包括隐藏或压缩的所有零部件将被输出;单击"否"按钮,隐藏或压缩的零部件将不被输出。

另外,还可以将Pro/Engineer文件输入到SolidWorks:用SldTrans 1.0插件模块将Pro/Engineer零件或装配体文件输入到SolidWorks零件或装配体文件。Pro/Engineer零件的属性、特征、草图和尺寸将被输入。如果文件中的所有特征不被支持,可选择将文件输入为实体或曲面模型。当输入装配体时,可控制输入单个的装配体。

练 习 题 七

建立如图7-42所示转向盘零件的型腔模成形零件。

图7-42 转向盘零件

附 录

相关零件图

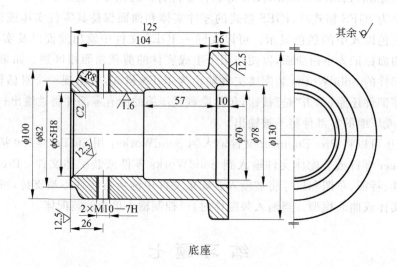

底座

螺母

附录 相关零件图

其余 6.3/

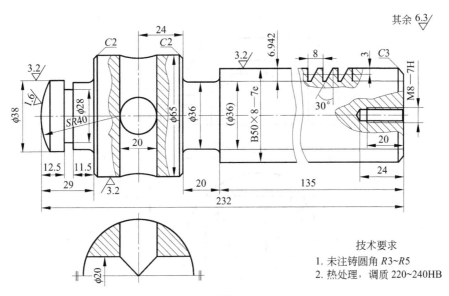

螺杆

技术要求
1. 未注铸圆角 R3~R5
2. 热处理，调质 220~240HB

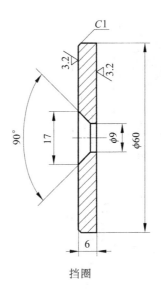

挡圈

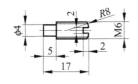
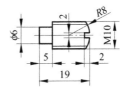
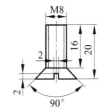

螺钉

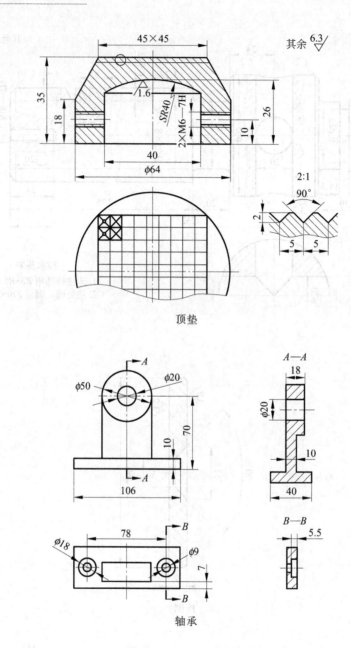

顶垫

轴承

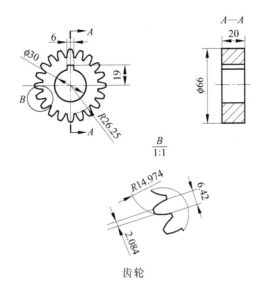

齿轮

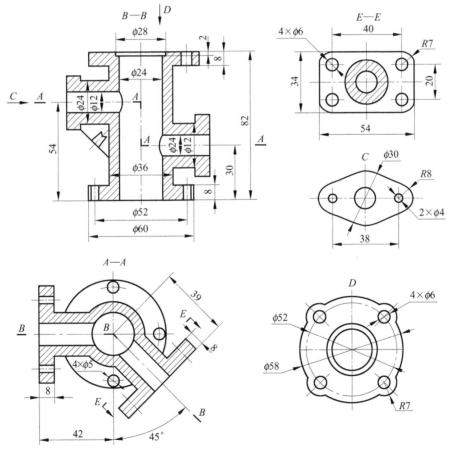

四通管工程图